华为AIoT技术系列

AIoT
应用开发与实践

张 金 宫晓利 李浩然◎编著

AIOT APPLICATION
DEVELOPMENT AND PRACTICE

机械工业出版社
CHINA MACHINE PRESS

本书面向初学者，首先介绍 AIoT 的相关概念，接下来介绍 AIoT 中的关键技术和平台，以及 AIoT 应用开发的过程和关键点，最后通过典型案例来系统使用前面介绍的开发方法和技术，讲授 AIoT 应用的完整开发过程。

　　本书适合高校物联网及相关专业作为实践教材、创新项目辅助教材使用，也可供对 AIoT 应用开发感兴趣的技术人员参考阅读。

图书在版编目（CIP）数据

AIoT 应用开发与实践 / 张金，宫晓利，李浩然编著 . —北京：机械工业出版社，2024.5
ISBN 978-7-111-74520-4

I. ① A⋯　　II. ①张⋯ ②宫⋯ ③李⋯　　III. ①人工智能 – 物联网　　IV. ① TP393.4 ② TP18

中国国家版本馆 CIP 数据核字（2023）第 248757 号

机械工业出版社（北京市百万庄大街 22 号　邮政编码 100037）
策划编辑：朱　劼　　　　　　责任编辑：朱　劼　　郎亚妹
责任校对：高凯月　李小宝　　责任印制：常天培
北京机工印刷厂有限公司印刷
2024 年 7 月第 1 版第 1 次印刷
186mm × 240mm · 11.75 印张 · 1 插页 · 228 千字
标准书号：ISBN 978-7-111-74520-4
定价：59.00 元

电话服务　　　　　　　　　　网络服务
客服电话：010-88361066　　机 工 官 网：www.cmpbook.com
　　　　　010-88379833　　机 工 官 博：weibo.com/cmp1952
　　　　　010-68326294　　金 书 网：www.golden-book.com
封底无防伪标均为盗版　　机工教育服务网：www.cmpedu.com

序

当前，以 5G、云、IoT、AI 等为代表的新 ICT 正在加速"万物感知、万物互联、万物智能"的智能世界的到来。新一轮科技革命和产业变革推动数字经济高速发展，加快数字化发展已成为各国的战略选择。ICT 产业是知识密集型产业，技术与业务融合是千行百业进行数智化转型的趋势，这对复合型数字人才提出了强烈的需求。

依托移动通信、IP 和光、计算和云、人工智能等产业的长期积累和最新技术演进，华为长期与社会各界共同培养数字人才，构建数字人才生态。为促进技术融合应用及创新，传播先进的信息和通信技术，面向高校、企业、社会提供数字技术的学习资源，华为联合机械工业出版社开发了 AIoT 技术系列图书，涉及 5G、AIoT 应用开发、AIoT 工程设计与实施等主题。

华为致力于把数字世界带入每个人、每个家庭、每个组织，构建万物互联的智能世界。我们坚信，没有数字人才，就没有智能未来。我们希望与合作伙伴一起，繁荣数字人才生态，共创行业新价值，助推数字经济可持续发展。

汪涛

华为常务董事、ICT 基础设施业务管理委员会主任

2024 年 1 月

前　言

人工智能物联网（AIoT）是人工智能（AI）和物联网（IoT）的融合应用。物联网通过前所未有的超大规模数据采集实现了对整个世界的量化感知；人工智能则通过对这些数据进行分析和处理，极大地提高了人们利用计算来进行决策和执行的核心能力。因此，AIoT 已经成为各种科学研究和工程技术的热点方向，从智能制造、交通运输到生活消费各个领域，其身影无处不在。进一步推进 AIoT 的普及和应用正是撰写本书的初衷。

本书旨在帮助对 AIoT 感兴趣的初学者尽快上手相关的研究和开发工作。因此，我们选择了友好性甚佳的我国自主知识产权的华为平台作为本书的技术环境来进行 AIoT 的介绍。我们希望无论是参加各类物联网设计和创新竞赛的参赛者，还是正在准备选型进行 AIoT 开发的工程师都能从本书中有所斩获。

本书概述了 AIoT 的基本概念和发展背景，在深入介绍华为 LiteOS 内核开发工作和相关问题的同时，也提供了相应的实践指导和实际应用，最大限度地帮助初学者入门。

本书共分为三部分。第一部分（第 1 章、第 2 章）主要从宏观层面对 AIoT 问题和华为环境的开发框架进行概述。其中第 1 章首先介绍了 AIoT 的基本概念、起源和发展，接下来从云边协同的视角，在数据的连接、存储和计算层面描述 AIoT 所解决的主要问题；第 2 章介绍了基于华为 LiteOS 的 AIoT 开发框架，为后续的开发学习做铺垫。

第二部分（第 3 章）主要从系统内核角度关注微观层面的问题，为 AIoT 设计架构提供了系统开发的基础。选择的操作系统实例为华为面向物联网领域的轻量级实时内核操作系统——Huawei LiteOS。主要介绍不可裁剪的极小内核（重点讨论任务管理、内存管理、异常接管、错误处理和中断管理）和可裁剪模块（重点讨论信号量、互斥锁、队列管理、事件管理等）。

第三部分（第 4 章、第 5 章）主要以"端侧"到"云边"的技术路线描述 AIoT 开发的具体实现和实验细节。第 4 章进行了面向小熊派的 AIoT 售货机设计，从小熊派开发板到云端物联平台，详细讲述了数据的收集、组合、上报再到云端命令下沉的开发流程；第 5 章先介绍了华为的 ModelArts AIoT 服务平台，之后以开发者的视角，从数据处理和模型开发两个方面介绍 AIoT 在实际应用中的开发流程，从而帮助开发者理解 AIoT 任务在华为 ModelArts 平台上的部署和应用。

在撰写本书的过程中，作者得到了华为公司的陈亚新、李晶晶、程春卯、李小龙和刘亮等专家的大力协助和在资料方面的无私分享，同时曹阳、李文硕、王思谦、李馨怡和陈鑫倩同学也为本书的撰写和实验设计提供了大量支持，在此一并表示感谢。本书是作者撰写的首本 AIoT 技术图书，难免有所疏漏，还望各位读者批评、指正。

目　　录

VIII

第 1 章

人工智能物联网——AIoT

1.1 概论

1.1.1 AIoT 概述

物联网（Internet of Things，IoT）是指通过各种类型的传感器件，借助特定的信息传播媒介，实现物物相连、信息交换和共享的新型智慧化网络模式。物联网概念的出现源于 20 世纪 90 年代前后，是信息时代互联网出现之后最为重要的网络空间（Cyber Space）基础支持技术之一。物联网最早以"传感网"方式被提出，强调在各种传感器之间组成网络以便实现大规模的全面感知。感知是整个信息时代计算思维的起源，一切的控制、计算、智能都以对真实物理世界的数据化感知为起点和终点。一方面，各种计算的输入都来自物理世界运行状态感知到的数据；另一方面，智能计算和控制反馈的最终结果也需要通过对感知到的运行状态变化来进行确认。传统意义上，物联网最重要的任务和使命便是为"感知"进行服务。

随着通信和计算技术的高速发展，网络的边界正在以超乎想象的速度扩张，向着完整覆盖物理世界的元宇宙方向迅速逼近。需要感知的信息种类和规模迅速膨胀，可以进行感知的设备种类也从传统的传感器网络节点演变为手机、摄像头等嵌入式设备。据华为全球产业展望（GIV）预测，到 2030 年全球连接的设备数量将达到 1000 亿。时至今日，物联网已经从一种感知方法和技术变为智慧社会的公共基础设施之一。《中华人民共和国国民经济和社会发展第十四个五年规划和 2035 年远景目标纲要》也对物联网提出了针对性的发展要求和思路。

从最开始的"物物相连"到现在的"万物互联"，在万亿传感网络节点背后蕴含着巨大的机遇和挑战。海量的物联网感知设备带来了海量的数据，其中蕴涵的数据价值也得到了前所未有的重视，而突破传统抽样统计进行数据分析的大数据问题应运而生。在大数据和高速增长算力支撑下的模式识别、机器学习等人工智能（Artificial Intelligence，AI）技术取得了长足的进步，已经成为新一轮科技革命的重要驱动力，算力、数据、算法的计算范式正在颠覆从制造加工、交通运输到生活消费的每一个行业。AI 与 IoT 相辅相成的融合特点日益凸显，AIoT 也由此浮现到我们面前。

2017 年 11 月 28 日，在"万物智能·新纪元——AIoT 未来峰会"上，研究者首次公开提出了人工智能物联网（Artificial Intelligence of Things, AIoT）的概念。AIoT 是人工智能和物联网的融合应用，两种技术通过融合获益，相辅相成。一方面，物联网通过互联海量终端获取了大量可分析的数据对象，为人工智能算法的研究提供了海量异构的数据基础；另一方面，人工智能帮助物联网智慧化处理海量数据，对异构多源的数据进行深层次的挖掘和分析，完成了智慧决策、智慧控制等操作，不但极大程度地解决了"数据孤岛"问题，而且提升了物联网的应用价值。简言之，AI 让 IoT 拥有了"大脑"，使"物联"提升为"智联"，而 IoT 则给予 AI 更广阔的研究"沃土"，将"人工智能"推向"普适智慧"。

在落地的场景方面，AIoT 的应用范围相当广泛，既有因为算力限制将各种智能处理和计算移植到终端的物联网设备上执行的边缘计算场景，例如可以进行人脸特征提取甚至在本地进行人脸识别的摄像头，也有可能是 IoT 将处理来的数据直接上传至云端交由无服务器计算机框架直接进行智能化处理的云创新场景。因此，本书将 AIoT 界定和诠释为一种人工智能与物联网融合的新型融合技术框架。

无论是哪种 AIoT 的应用形态，IoT 都是 AIoT 的基础设施，它通过遍布于边缘侧的传感器设备和嵌入式感知节点实现万物互联，并实现对环境态势的实时感知与数据采集，从而获取大量数据，为 AIoT 提供了大数据的来源；而 AI 是 AIoT 智慧决策与控制的工具，AI 提高了传统 IoT 决策的科学性和准确度，这些优势来源于 AI 对问题精准的建模和对数据的高效分析，在 AI 的指导下也解决了传统方法无法解决的复杂问题。另外，由于融合 AI 的 IoT 应用通常要求物联网设备具有一定的算力，因此 AIoT 常常与云计算、边缘计算等 IT 基础设施平台进行融合。

目前，AIoT 已经在多个应用领域实现了落地，如智慧停车场、智能家居、智能监控、智能建筑、智慧交通、智能仓储物流、设备健康管理、智能调度能源、可交互消费智能硬件等。艾瑞咨询发布的《2020 年中国智能物联网（AIoT）白皮书》提出了 2025 年的产业瞭望：预测 AI 家庭管家将实现智能家居交互方式的无感化和跨终端的无缝体验，预计 2025 年超过 65% 的中国家庭会拥有 AI 管家，并且一户家庭可以拥有 10 台具备 AI 感知能力的设备，人机交互方式也会从物理遥控、触摸屏 App 逐渐演变到语义控制和自主大脑无感控制；智慧人居预计可以提升 5000 万人的居住体验。到 2025 年全国 90% 的社区会采用智能车牌识别停车；在工业制造和智慧城市等方面，2025 年人机协同可使 7 万家工厂、630 万名制造从业者受益，巡检机器人、智能公共停车系统、城市大脑智能运营系统等也会使日常生活更加便利。总之，AIoT 是物联网和人工智能两项革命性技术相互赋能、融合的产物，也是未来数字化社会发展的必经之路。

1.1.2 AIoT 的发展与应用

物联网的概念早期见于比尔·盖茨的《未来之路》一书，书中提及了物物互联，但当时受限于无线网络、硬件和传感设备的发展，其中的描述并不清晰。1999 年，美国麻省理工学院（MIT）的 Kevin Ashton 首次提出物联网（Internet of Things）的概念，同年 MIT 建立了自动识别中心，提出"万物皆可通过网络互联"，阐明了物联网的基本含义。在 2005 年的信息社会世界峰会（The World Summit on the Information Society，WSIS）上，国际电信联盟（ITU）报告指出，无所不在的"物联网"通信技术即将来临。此时业界开始存在相关共识：物联网将是继计算机、互联网和移动通信后，引领信息产业革命的一次新浪潮，也是未来社会经济发展、社会进步和科技创新方面最重要的基础设施之一，更是关系到未来国家安全的物理基础设施。2009 年 1 月 28 日，IBM 首席执行官彭明盛首次提出"智慧地球"的概念。同年 8 月，时任国务院总理温家宝提出了"感知中国"的战略构想，表示要抓住机遇，大力发展物联网技术。自此物联网在我国深入人心，并开始用于智能物流、智能交通、绿色建筑、智能电网、环境监测等领域。

AIoT 的出现则始于是从物联网的云平台化，即各种物联网感知设备通过无线或者有线通信的方式将数据直接汇总到位于互联网中心的云平台上进行集中存储和管理。在这个阶段，物联网云平台更像是多种终端的设备管理平台，收集来的数据往往用于进行监控，而数据分析往往会交付其他云上的应用进行。这种架构形式时至今日在智慧楼宇、智能工厂等场景中仍然屡见不鲜。

之后便是利用 AI 对 IoT 相关设备充分赋能，与具备强大算力的云端 AI 一起，形成 AIoT 的框架，提供强大的整体性服务。尤其是在云原生这种淡化传统服务器架构的计算框架大趋势下，边缘计算设备、物联网操作系统等支撑性技术和产品正在不断丰富着 AIoT 的生态链，完善着整个计算框架。换言之，从云到端，从硬件到软件，从操作系统到应用平台，从数据到计算，AIoT 的技术生态已经基本形成。

AIoT 并不意味着 AI 和 IoT 的单纯技术叠加，而是智能与感知间的相互赋能。一方面，IoT 能够源源不断地提供数据，为 AI 实现模型训练、提高精准性奠定基础；另一方面，AI 也为 IoT 设备提供了更智慧的信息交互与分析的手段以及更丰富的应用场景。常见的 AIoT 研究主要从以下四个方面展开：感知层融合、操控层融合、应用层融合，以及安全及隐私保护融合。其中，感知层和操控层是应用的基础设施，感知层融合研究主要包括数据采集、数据分析、数据处理以及存储智慧化、异构感知设备智慧协同，操控层融合主要包括资源智慧化调度、异构物联网智慧协同、负载均衡、能耗管理、复杂事件智慧控制以及与云、边等计算范式的融合研究等内容。应用层融合主要包括智慧制造物联网、智慧农业、智能家居、智慧交通、智慧医疗、智慧社区等。安全与隐私保护研究主要涉及位置隐私保护、移动终端安全、传输媒介安全、信任管理、应用服务安全和数据与内容安全等。

受益于物联网技术的多年积累与近年来人工智能的快速发展，目前中国 AIoT 的市场规模在不断扩大。从投融角度便可见一斑，据艾瑞咨询发布的《2020 年中国智能物联网（AIoT）白皮书》，2015—2019 年 11 月，AIoT 领域共发生 1718 起融资事件，总融资额达 1919 亿元，而从 2015 年到 2018 年的投资增速来看，投资事件数复合增速近 14%，融资额增速高达 73%，各种新创企业都在 AIoT 的风口抢滩布局，AIoT 成为创投风口。另外，据中国信息通信研究院 2020 年发布的《物联网白皮书》，2019 年我国物联网连接数全球占比高达 30%，连接数为 36.3 亿，其中移动物联网连接数已从 2018 年的 6.71 亿增长到 2019 年底的 10.3 亿。截至 2020 年，我国的物联网产业规模已突破 1.7 万亿元。AIoT 对实体经济的融合赋能，使 AIoT 整体业务未来可能享有十万亿元级的市场空间。受益于城市端 AIoT 业务的规模化落地及边缘计算的初步普及，2019 年中国 AIoT 市场规模突破 3000 亿元。同时，由于 AIoT 在落地过程中需要重构传统产业价值链，过程中既要适应传统产业的特性、平衡传统产业链，又要与生态合作伙伴共同搭建最适宜产业 AI 赋能的架构体系，因此未来几年将处于较为稳定的发展节奏。

近年 AIoT 在实际应用中得到了快速普及。一方面是源于供给侧的不断成熟：人工智能硬件、芯片、算法、平台等技术的快速发展，使数据采集、数据存储和数据分析成本下降，降低了使用 AIoT 的成本门槛，而 5G 技术对 AIoT 的天然适性带来数据量的爆发，突破了 AIoT 的规模性技术瓶颈。另一方面是源于需求侧的强劲增长：消费领域个性化需求增强，消费者对智能生活助手等产品的便捷程度要求进一步提升，智能定制化产品大行其道；各个行业受环境影响对生产设备和系统的自动化、智能化需求旺盛，降本增效的意愿前所未有地迫切。

从 AIoT 当前的应用领域来看，物联网的智能化需求日渐迫切、价值日益凸显。在设备端侧，随着物联网应用行业的不断发展，数据实时分析、数据处理、数据决策和数据自治等边缘智能化需求日益增加。据 IDC 相关数据显示，未来超过 50% 的数据需要在网络边缘侧完成分析、处理和存储。在云上的业务服务侧，据 GSMA 预测，到 2025 年物联网上层的平台、应用和服务带来的收入占比将达到物联网收入的 67%，成为价值增速最快的环节，而作为云端桥梁的物联网连接收入占比仅 5%。在此仅以常见的数据挖掘为例进行分析，在 AIoT 中通过物联网采集而来的数据是超大规模的海量数据，依靠传统的人工观察和分析难以快速、有效地发现其中的规律，基于 AIoT 的数据挖掘可以运用关联分析、分类和预测、聚类分析、离群点分析、演化分析等方法快速从海量数据中获取潜在的、可解释的规律，以实现辅助决策。下面给出 2 个应用场景示例。

- 智慧农业，监控土壤等环境状况的传感器，将获得的数据通过物联网传输到云中心进行分析，以便根据农作物生长态势和环境的变化趋势进行及时干预和调控，以便达到预期生产目标。同时，AIoT 采集的实时农业数据也可以为投资者或机构提供相关建议和预警。例如，在农产品期货交易中，大豆等作物的实时长势情况，便是各个金融机构进行多空交易的重要决策依据之一。
- 智能制造，现代制造和加工过程中不但伴随大量异构数据的产生和使用，更需要这些数据去控制和监控加工过程。AIoT 通过各种监控设备和装置收集数据，以此监控每个生产环节的运行状态，进而实时监控与产品质量相关的各种状态，进而采取"停机""变速"等不同的措施，以便达到保证质量、降本增效的目的。

在 AIoT 快速前行的同时，一些问题和挑战也不可避免地显现出来。首先是专用芯片发展速度滞后，专用芯片研发投入大、周期长，相比迭代速度，AI 算法略显滞后；其次 IoT 的有限终端算力难以支持各种 AI 算法的直接部署，尤其在即时交互要求较高的场景中应用效果较差；同时安全和隐私也日益重要，AIoT 应用需要对采集到的数据进行分析、挖掘或集成，尤其要将原本分布式和自主 IoT 设备中的数据进行集成，这些数据的维度和规模都在各种角度触及到了数据所有者的隐私。而数据窃取、数据滥用和数据误用的风险也将一直存在。

1.2　框架

1.2.1　云边协同下的 AIoT 架构

实际运行中的 AIoT 大都采用云边协同的方式进行，即边缘侧由 IoT 设备和边缘计算设备组成，负责数据的采集和预处理，云侧交由云计算平台进行中心管理、数据汇集、智能分析等对算力要求较高的工作，有时云侧也被称为云管中心或者云控平台。值得一提的是，随着边缘侧设备的发展，越来越多原属于云侧的高算力任务正开始逐渐向边缘侧"下沉"。

在云边协同的 AIoT 架构下进行 AIoT 设计、开发和应用时都会涉及三个基本问题，即数据从哪里来、数据如何处理（向云侧交付还是本地计算）、如何利用数据算法完成决策。这三个问题也是大多数应用场景中的共性问题。对于第一个问题，在 AIoT 中利用边缘侧传感器节点感知数据并完成数据的采集，如图 1.1 所示，在 AIoT 架构的最底层即 IoT 层通过温度传感器、光感元器件、陀螺仪等智能感知传感器完成数据的采集。对于第二个问题，则通过网络传输的方式将采集到的数据传输到边缘服务器以完成数据的缓存，同时也可以利用具有算力的服务器完成数据的计算，如深度学习模型的训练与推理等工作。对于第三个问题，可以利用云侧的模型完成智慧决策，并最后将决策的指令或者获取的模型下沉到边缘侧完成个体决策，同时也可以由边缘侧向云端发出请求，完成单体的控制。

图 1.1 中的数据流向为数据从底层流向顶层，再将顶层处理好的数据下沉到底层。由上述过程可以梳理出 AIoT 架构中的三个层次，首先是最底层，即完成数据采集的 IoT 层，在工业界也叫作边缘侧（在部分场景下，一线施工人员也将其称为"端"侧，以强调其需要专用的物联网终端设备），该层完成数据的采集和指令的控制，由于本地算力和功耗资源可能受限，通常用以完成一些轻量级的计算或者交互控制任务；中间是边缘计算层（该层和 IoT 层一起被称为"边"），该层可以作为顶层和底层的中间件，当边缘侧的嵌入式设备或者传感节点不能满足存储和算力的要求时，可以利用该层将一部分的数据传输到边缘侧服务器，以此完成算力和存储能力的拓展，同时该层也可以完成多边的协同，提高物联网的深度和广度，值得指出的是，在实际应用场景中该层并不是必须存在的，在一些简单场景中，IoT 层可以直接与云中心进行交互；最后是云计算层，该层负责各种大规模的训练和集中化、智能化的决策，也可以辅助 AIoT 完成边缘的计算和存储。

下面将整体的架构抽象成三部分，即 AIoT 在落地部署的过程中需要解决的三个问题：一是连接和感知，二是汇聚和存储，三是业务和计算。

1. 边缘侧 AIoT 设备

"边缘侧"即 AIoT 产业中底层的终端设备和相关软硬件，包括端侧设备芯片、模组、感知设备、操作系统、底层算法等。如前所述，边缘侧承载着底层数据的采集并为基本运算提供算法和算力，边缘侧如同物联网用于获取各种数据的根系。感知设备包括传感器、

RFID、高精定位和摄录装置等。传感器是 AIoT 产业端侧最基础的器件，是整个 AIoT 的"神经末梢"的触角，其在设计过程中需要充分考虑低成本、微型化、低功耗、灵活性、扩展性、鲁棒性等诸多工程方面的问题。蜂窝通信模组是在电路板上集成基带芯片、存储器、功放器件并提供标准的接口功能模块，使各种终端都可以借助无线模块实现通信功能，其承载着端到端、端到边的数据交互，是用户数据传输通道，也是物联网终端的核心组件之一。手机、微型工业计算机、视觉装置等各种集成性的智能设备都属于边缘侧设备的范畴。

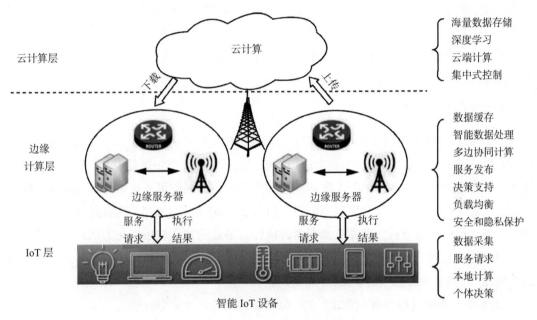

图 1.1　云边端融合的 AIoT 架构

2. 数据存储管理

AIoT 涉及的数据具有海量性、多态性、关联性及语义性等大数据特征，其中的数据存储管理是重点问题之一。随着 AIoT 的迅猛发展，传感器节点以几何级数增长，海量终端节点收集到的数据中多源、异构、海量的特点日益凸显。

对于数据存储的模式而言，分布在 AIoT 层的海量异构数据既可以存储在端侧的传感器内部（类似分布式存储），也可以进行集中式存储，再通过各种通信网络发送回边缘服务器和云中心。这些异构海量数据的产生，一方面是由于物联网中单个物体在持续地产生数据，由边缘侧数亿节点沉积而来，另一方面也是网络中拥有多态性、关联性及语义性等特点导致的。因此在 AIoT 的数据进行存储管理时，其异构多源的特点需要得到特别的重视和处理，例如需要进行数据清洗、数据去重、一致性校验等。

在 AIoT 架构中，边缘计算层虽然不是在每个系统中必须出现的角色，但只要其存在便是连接设备到应用场景的关键部分。AIoT 的边缘计算层是一种用于构建和管理物联网解决方案的数字平台。如前所述，边缘计算层是 IoT 和云的中间层，向下可从边缘侧汇集数据，向上可直接对各种应用接口或者不同行业应用提供支撑性服务，在端侧算力不足的情况下，边缘计算层与云层中的云计算服务器结合形成更具柔性的服务能力，以满足更多的场景需求。对于云边协同下的 AIoT，虽然人工智能适合放在具备海量算力的云端处理，但若将全部应用程序推送到云端进行处理，必然会带来一定的时延（这种时延受工作环境带宽的影响极大）。所以当实时性和低时延是场景中的关键因素时，则必须依靠更靠近用户的边缘计算层来解决人工智能的计算问题；当计算决策的精确性是关键因素时，则可以依靠云服务器，以实现云边协同的高效 AIoT。

3. 云侧业务组件

AIoT 的总体业务逻辑模型可以被理解为四层：应用层、操作系统服务层、基础设施层和接入层。应用层涵盖了 AIoT 的各个应用领域，包括智慧城市、智慧农业、智能制造、智能家居、智慧医疗等，面向的是实际的应用和用户；操作系统服务层负责资源调度，提供信息、位置、检索、计费及身份鉴别服务，相当于 AIoT 的"大脑"，能够对设备层进行连接与控制，提供智能分析与数据处理能力，将针对场景的核心应用固化为功能模块等；基础设施层包括容器、软件定义网络、硬件资源抽象等；接入层则包括无线网接入、感知识别等功能（可以认为等同于边缘侧），如图 1.2 所示。

AIoT 的云侧业务组件即为图 1.2 中的应用层，既与云计算息息相关，又必须针对具体的业务场景构建专有的应用。云使 AIoT 企业能够通过资源池化技术将各种计算资源虚拟化，摆脱本地物理基础设施的束缚，这样的优势在于整个体系可以根据用户所需提供灵活、可扩展和可靠的动态计算资源，如计算资源、存储资源和网络资源等。来自大规模分布式传感器和设备的实时数据流通过互联网传输到远程云中心，通过各种数据处理和机器学习工具在那里进一步完成数据的集成、处理和存储。同时，利用云的另一个优势是可以在云上建立原生的生产环境，摆脱环境搭建问题，直接进行深度神经网络的训练和部署来处理大量数据。

在 AIoT 具体的云侧业务中，可以根据不同的应用直接选择适合该业务的各种人工智能服务，常见的包括图像分类、目标检测和跟踪、文本识别等。例如：选择图像分类计算机视觉中常见的任务，抽取图像的不同特征将不同的图像区分开来，其代表性的深度卷积网络包括 VGGNet、ResNet、DenseNet 等。近年来，越来越多的云服务商业已将各种大语言规模进行了云化改造，以支持用户的快速访问，如华为云的盘古大模型等。在 AIoT 的具体场景中，可以选择将其应用于安防领域的人脸识别、交通领域的交通场景识别、医疗领域的图像识别等。

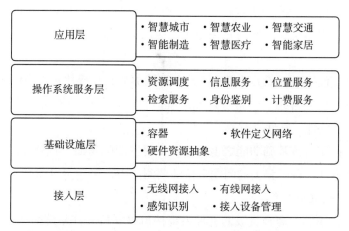

图 1.2　AIoT 业务逻辑模型

1.2.2　华为 LiteOS 架构

一个成熟和高效的 AIoT 架构必须由成熟的云侧服务和高效的边缘侧系统协作组成。目前以华为云为代表的国产云服务平台发展得较为成熟，而在边缘侧的物联网操作系统方面发展却相对较慢。

Huawei LiteOS 是华为面向 AIoT 领域进行设计、部署于边缘侧终端设备上的轻量级物联网操作系统，可广泛应用于智能家居、个人穿戴、车联网、城市公共服务、制造业等领域。Huawei LiteOS 发布于 2015 年 5 月的华为网络大会上。自开源社区发布以来，Huawei LiteOS 围绕物联网市场从技术、生态、解决方案、商用支持等多维度使能合作伙伴，构建开源的物联网生态，目前已经聚合 50 家以上的 MCU 和解决方案合作伙伴，共同推出一批开源开发套件和行业解决方案，帮助众多行业客户快速推出物联网产品和服务。客户涵盖抄表、停车、路灯、环保、共享单车、物流等众多应用，为开发者提供"一站式"完整软件平台，可大幅降低设备布置及维护成本，有效降低开发门槛、缩短开发周期。高实时性，高稳定性。超小内核，基础内核体积可以裁剪至 10K，低功耗，配套芯片整体功耗低至 uA 级，支持功能静态裁剪。

Huawei LiteOS 开源项目目前支持 ARM64、ARM Cortex-A、ARM Cortex-M0、Cortex-M3、Cortex-M4、Cortex-M7 等芯片架构，主要具有高实时性、高稳定性、超小内核（基础内核

体积可以裁剪至不到 10KB）、低功耗（配套芯片整体功耗低至 uA 级）、支持功能静态裁剪等优势。Huawei LiteOS 支持多种芯片架构，如 Cortex-M series、Cortex-R series、Cortex-A series 等，可以快速移植到多种硬件平台。Huawei LiteOS 也支持 UP（单核）与 SMP（多核）模式，即支持在单核或者多核的环境上运行。除基础内核外，Huawei LiteOS 还包含丰富的组件，可帮助用户快速构建物联网相关领域的应用场景及实例，其架构主要包含以下组成部分。

- 基础内核：包括不可裁剪的极小内核和可裁剪的其他模块。极小内核包含任务管理、内存管理、中断管理、异常管理和系统时钟。可裁剪的模块包括信号量、互斥锁、队列管理、事件、软件定时器等。
- 内核增强：在内核基础功能之上，进一步提供增强功能，包括 C++ 支持、调测组件等。调测组件提供了强大的问题定位和调测能力，包括 shell 命令、Trace 事件跟踪、CPU 占用率、LMS 等。
- 文件系统：提供一套轻量级的文件系统接口以支持文件系统的基本功能，包括 vfs、ramfs、fatfs 等。
- 应用接口层：提供一系列系统库接口以提升操作系统的可移植性和兼容性，包括 Libc、Libm、POSIX 以及 CMSIS 适配接口。
- 协议栈：提供丰富的网络协议栈以支持多种网络功能，包括 CoAP、LwM2M 和 MQTT 等。
- 组件：构建于上述组件之上的一系列业务组件或框架，以支持更丰富的用户场景，包括 OTA、GUI、AI 框架和传感框架等。
- IDE（Huawei LiteOS Studio）：基于 LiteOS 操作系统定制开发的一款工具。它提供了界面化的代码编辑、编译、烧录、调试等功能。

总之，Huawei LiteOS 是一款优秀的轻量级物联网操作系统，本书后续将主要以其为例进行相应内容的介绍与说明。

参考文献

[1] AFZAL M K, ZIKRIA Y B, MUMTAZ S, et al. Unlocking 5G Spectrum Potential for Intelligent IoT: Opportunities, Challenges, and Solutions[J]. IEEE Communications Magazine, 2018, 56（10）: 92-93.
[2] 华为 . 智能世界 2030 [R/OL]. [2023-08-14]. http://www.huawei.com/cn/giv.
[3] 吴吉义，李文娟，曹健，等 . 智能物联网 AIoT 研究综述 [J]. 电信科学，2021，37（8）: 1-17.

[4] 物联网智库 2022 年中国 AIoT 产业全景图谱报告 [R/OL].（2021-12-09）[2023-08-14]. http://baijiahao. baidu.com/s?id=1718672778140622794&wfr=spider&for=pc.

[5] SIMONYAN K, ZISSERMAN A. Very deep convolutional networks for large-scale image recognition [EB/OL]. (2015-04-10)[2021-01-01]. https://arxiv.org/abs/1409.1556.

[6] HE K, ZHANG X, REN S, et al. Deep residual learning for image recognition[C]//Proceedings of the IEEE Conference on Computer Vision and Pattern Recognition，2016：770-778.

[7] HUANG G, LIU Z, VAN DER MAATEN L, et al. Densely connected convolutional networks[C]// Proceedings of the IEEE Conference on Computer Vision and Pattern Recognition，2017：4700-4708.

第 2 章

AIoT 架构中的 LiteOS 部署与构建

如第 1 章中所述，AIoT 架构主要由云侧和边缘侧组成，其中云侧的服务相对成熟和标准化，而边缘侧由于受到具体应用场景的约束，因此个性化程度较高。例如，在智能工厂中的各种传感节点显然不用考虑功耗问题，但是要求很高的实时性；而在智慧农业场景中，毫秒级别的响应延迟面对相对漫长的作物生长周期而言，显然意义不大。因此，一款灵活高效的物联网操作系统便显得至关重要了。本章将重点对 Huawei LiteOS 的编译和移植进行介绍和说明。

2.1 LiteOS 编译框架和开发工具

2.1.1 LiteOS 编译框架

Huawei LiteOS 使用 Kconfig 文件配置系统，基于 GCC/Makefile 实现组件化编译。无论是在 Linux 下使用 make menuconfig 命令配置系统，还是在 Windows 下使用 Huawei LiteOS Studio 进行图形化配置，Huawei LiteOS 都会同时解析、展示根目录下的 .config 文件和 tools/menuconfig/config.in 文件（该文件包含各个模块的 Kconfig 文件），同时在开发板的 include 文件夹下生成 menuconfig.h。config.in 文件由 Kconfig 语言（一种菜单配置语言）编写而成。config.in 文件决定了要展示的配置项，.config 文件决定了各个配置项的默认值。

Huawei LiteOS 通过在根目录下执行 make 命令完成自动化编译整个工程。对于根目录下的 Makefile 文件，其中包含 config.mk，config.mk 又包含 los-config.mk，而 los-config.mk 则包含了各个模块的 Makefile 和 .config 文件，定义了对整个工程的编译链接规则。各个编译文件的内在关系如图 2.1 所示。

图 2.1　各个编译文件的内在关系

2.1.2　LiteOS 开发工具

Huawei LiteOS Studio 是 Huawei LiteOS 提供的一款 Windows 下的图形化开发工具。它以 Visual Studio Code 的社区开源代码为基础，是根据 C 语言编程特点、Huawei LiteOS 嵌入式系统软件的业务场景开发的工具。它提供了代码编辑、组件配置、编译、烧录、调试等功能，可以对系统关键数据进行实时跟踪、保存与回放。

2.1.3　Linux 下的编译

在 Linux 环境下编译需要以下软件：Ubuntu 14.04 及以上版本，作为编译 Huawei LiteOS 的服务器；GNU Arm Embedded Toolchain 编译器，用于代码编译；GNU Make 构建器，用于文件组织与链接；Python 2.7/3.2+、pip 包管理工具、kconfiglib 库，用于编译前通过图形化界面完成配置。具体的执行步骤如下。

1. 安装 GNU Arm Embedded Toolchain 编译器

（1）下载编译器

对于 32 位芯片架构，需要下载⊖GNU Arm Embedded Toolchain 编译器，建议使用 2019-q4-major 及以上版本。

对于 64 位芯片架构，需要下载⊖64 位 GNU Arm Embedded Toolchain 编译器，建议使用最新版本的 aarch64-linux-gnu 编译器。

（2）解压编译器

参考如下命令完成解压，将压缩包名替换为实际下载的软件包名：

⊖　官网下载链接：https://developer.arm.com/tools-and-software/open-source-software/developer-tools/gnu-toolchain/gnu-rm/downloads。

⊖　官网下载链接：https://www.linaro.org/downloads/。

```
tar -xvf gcc-arm-none-eabi-9-2019-q4-major-x86_64-linux.tar.bz2
```

解压后可以得到文件夹 gcc-arm-none-eabi-9-2019-q4-major。

（3）添加编译器的执行路径到环境变量

以第 2 步解压的编译器为例，将 gcc-arm-none-eabi-9-2019-q4-major/bin 目录添加到环境变量中，编辑 /.bashrc 文件，参考如下方法设置 PATH 环境变量：

```
Export PATH=$PATH:YOUR_PATH/gcc-arm-none-eabi-9-2019-q4-major/bin/
```

然后执行以下命令使新设置的环境变量立即生效：

```
source ~/.bashrc
```

2. 升级 GNU Make 构建器到最新版

1）通过官网下载最新 Make 构建器⊖。

2）参考如下命令完成解压，将压缩包名替换为实际下载的软件包名。

```
tar -xf make-4.3.tar.gz
```

3）检查依赖。解压后进入目录中，执行 ./configure 命令以检查编译与安装 Make 构建器所需的依赖：

```
cd make-4.3
./configure
```

如果没有报错则继续下一步操作，如果报错则根据提示安装依赖软件包。

4）编译 & 安装 Make。继续在当前目录下，参考如下命令完成 Make 构建器的编译与安装：

```
sh build.sh
sudo make
sudo make install
```

在做好上述软件准备之后，接下来完成在 Linux 系统下的编译工作。下载完整的 Huawei LiteOS 代码，代码仓位于 gitee 平台⊜，选择 master 分支进行下载；将开发板配置文件复制为根目录 .config 文件。可以根据实际使用的开发板，将 tools/build/config/ 目录下的默认配置文件 ${platform}.config 复制到根目录，并重命名为 .config；接下来根据项目需求配置系统，如果不希望使用系统的默认配置，可以在 Huawei LiteOS 根目录下执行 make menuconfig 命令，在图形化配置界面中自行裁剪模块或修改配置。修改完保存菜单退出，其修改默认会保存到根目录下的 .config 文件中；清理工程，即在编译前，先在 Huawei LiteOS 根目录下执行 make clean 命令，删除以前编译出的二进制文件；编译工程，即在 Huawei LiteOS 根目录下执行 make 命令即可完成工程编译，编译结果会在屏幕上输出。

⊖ Make 官方下载链接：http://ftp.gnu.org/pub/gnu/make/。

⊜ https://gitee.com/LiteOS/LiteOS。

2.1.4　Windows 下的编译

Windows 下的编译可以使用 Huawei LiteOS Studio 图形化 IDE，下载 Huawei LiteOS Studio，并搭建 Huawei LiteOS Studio 开发环境，由于该部分已经做了方便用户使用的集成化工具，参考 Huawei LiteOS Studio 安装的介绍[⊖]，即可完成安装编译。

2.2　LiteOS 快速入门

在介绍开发工具之后，本节以 STM32 开发板和 QEMU 模拟器为例，主要介绍如何在开发板和 QEMU 模拟器上启动和运行 LiteOS。

2.2.1　在 Linux 环境下基于 STM32 开发板的 LiteOS 开发

在 Linux 上完成编译后，可通过 Windows 访问 Linux 主机上的文件，完成系统镜像文件的烧录、调测与运行。所以开发环境包括 Linux 下的编译环境，以及 Windows 下的烧录、调测工具和 USB 转串口驱动，本节在 Linux 下搭建编译环境之后，继续完成开发部署。

1. 在 Linux 下搭建 samba 服务，实现在 Windows 下对 Linux 主机上文件的访问

1）安装 samba。

```
sudo apt-get install samba
```

2）修改 samba 的配置文件。执行以下命令打开 samba 的配置文件。

```
sudo vi /etc/samba/smb.conf
```

在文件末尾添加以下内容，其中需要将 username 修改为登录 Linux 主机的用户名，path 为 Windows 下可以直接访问的 Linux 主机上的共享目录，请根据实际情况设置。

```
[username]
    path = /home/username
    browseable = yes
    available = yes
    public = yes
    writable = yes
    valid users = username
    create mask = 0777
    security = share
    guest ok = yes
    directory mask = 0777
```

⊖　https://liteos.gitee.io/liteos_studio/#/install。

3）重启 samba 服务。

```
sudo service smbd restart
```

4）设置 samba 账户密码。执行以下命令设置 samba 账户密码，按提示输入密码，其中 username 为登录 Linux 主机的用户名。

```
sudo smbpasswd -a username
```

5）设置共享目录权限。执行以下命令将第 2 步中配置的共享目录设置为对任何用户都可读可写可访问，请将 /home/username 修改为第 2 步中配置的目录。

```
sudo chmod 777 /home/username
```

6）通过 Windows 访问 Linux 主机上的共享目录。在 Windows 资源管理器路径中输入 \\Linux 主机 IP，即可访问 Linux 共享目录。

2. 烧录工具为 JLink 仿真器

在 Windows 主机中，从 JLink 官网下载 JLink 仿真器⊖。双击下载的 JLink 应用程序，直接使用默认配置进行安装即可。

3. 安装 USB 转串口驱动

以 CH340 驱动为例，在 Windows 主机中，从官网下载转串口 Windows 驱动程序⊖。双击下载的驱动程序，直接使用默认配置进行安装即可。完成驱动安装后，使用 USB 线连接开发板的 USB 转串口到 Windows 主机，可以在 Windows 设备管理器中查看端口号。

2.2.2　在 Windows 环境下基于 STM32 开发板的 LiteOS 开发

在开发环境中新建工程或打开工程。如果本地没有下载 Huawei LiteOS 的源代码，则需要新建工程。如果本地已经下载 Huawei LiteOS 的源代码，则可以通过 Studio 直接打开本地源代码，无须新建工程。接下来，配置实际使用的开发板。

在 Studio 的 "工程配置" → "目标板" 窗口（图 2.2 中的序号 2），列出了 Huawei LiteOS 当前支持的所有开发板，请根据实际使用的开发板进行选择，如图 2.2 所示。

接下来，配置待执行的 Demo。打开 Studio 的 "工程配置" → "组件配置" 窗口，在左侧的 "选择组件" 界面中单击想要使能或修改的组件，在右侧的 "组件属性" 栏中勾选需要使能的组件，最后单击 "确认" 按钮保存。下面以使能 Kernel Task Demo 为例，介绍如何配置 Demo。

⊖ https://www.segger.com/downloads/jlink/JLink_Windows.exe。

⊖ https://www.wch.cn/downloads/CH341SER_EXE.html。

图 2.2　选择开发板

在"选择组件"界面中，选择菜单项 Demos → Kernel Demo，然后在右侧的"组件属性"栏中勾选 Enable Kernel Demo，在菜单项 Kernel Demo Entry 中选择 DemoEntry（该配置项可以单独执行某个或某几个内核 Demo，另一个配置项 InspectEntry 表示执行所有内核 Demo）后，在其子菜单中选择 Run Kernel Task Demo，最后单击"确认"按钮保存，如图 2.3 所示。

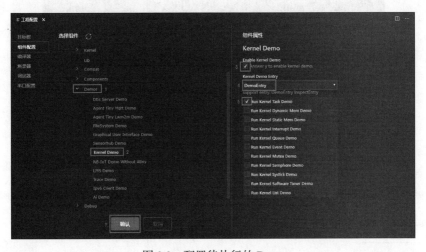

图 2.3　配置待执行的 Demo

接下来在 Studio 中配置编译器并编译，可以参考 Studio 编译配置 – 编译代码[⊖]，如果在此之前已经编译，则可以使用"重新编译"按钮清理以前编译出的二进制文件并重新编译。编译出的文件保存在 out 目录中，以 Cloud_STM32F429IGTx_FIRE 为例，生成的系统镜像文件、反汇编等文件在 out/Cloud_STM32F429IGTx_FIRE 目录中，库文件在 lib 目录中，中间文件在 obj 目录中。因为使能了 Kernel Task Demo，所以在保存库文件的 lib 目录中会有相应的库文件 libkernel_demo.a。

使用 USB 线连接开发板的 USB 转串口到计算机，并将 JLink 仿真器正确连接到计算机后，就可以使用 JLink 将系统镜像文件 Huawei_LiteOS.bin 烧录到开发板，烧录器配置以及烧录方法，可参考链接：https://liteos.gitee.io/liteos_studio/#/project_stm32?id= 烧录配置 – 烧录。

烧录成功后，单击串口终端图标打开串口终端界面，根据实际使用的串口端口号进行端口的设置，如图 2.4 所示。

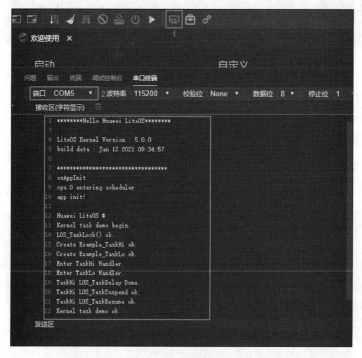

图 2.4　运行结果图 1

开启串口开关，在开发板上，按下复位（RESET）按钮，可看到串口输出，接收区输出的内容就是 Huawei LiteOS 启动后运行 Kernel Task Demo 的输出，如图 2.5 所示。

⊖　https://liteos.gitee.io/liteos_studio/#/project_stm32?id= 编译配置 – 编译代码。

图 2.5　运行结果图 2

2.2.3　在 Linux 环境下基于 QEMU 模拟器运行 realview-pbx-a9

QEMU 是一款通用的开源虚拟化模拟器，通过软件模拟硬件设备，当 QEMU 直接模拟 CPU 时，它能够独立运行操作系统。realview-pbx-a9 工程就是使用 QEMU 模拟 Cortex-A9 处理器，以运行 Huawei LiteOS 操作系统。

1. 搭建开发环境

realview-pbx-a9 工程在 Linux 下的开发环境包括编译环境和 QEMU 模拟器。

1）搭建编译环境。请参考 2.1.3 节中 Linux 编译环境的搭建。

2）安装 QEMU 模拟器，可以参考如下命令安装：

```
$ apt-get install qemu
$ apt-get install qemu-system
```

除此之外，也可以通过 QEMU 源码包编译安装的方式安装 QEMU⊖。

2. 编译

（1）下载 Huawei LiteOS 代码

⊖　https://www.qemu.org/download/#source。

如前所述，需要下载完整的 Huawei LiteOS 代码，代码仓位于 gitee 平台，请选择 master 分支进行下载⊖。

（2）将模拟器工程配置文件复制为根目录 .config 文件

在 Huawei_LiteOS 根目录执行如下命令，复制 realview-pbx-a9 模拟器工程 .config 文件：

```
$ cp tools/build/config/realview-pbx-a9.config .config
```

（3）配置想要执行的 Demo

在 Huawei LiteOS 根目录下执行 make menuconfig 命令，打开 menuconfig 的图形化配置界面，使能想要执行的 Demo。下面以使能 Kernel Task Demo 为例，介绍如何配置 Demo。

进入菜单项 Demos → Kernel Demo，通过空格键选择使能 Enable Kernel Demo（使能后菜单项前面的括号里会有一个星号，即 [*]），进入子菜单 Kernel Demo Entry，选择 DemoEntry（该配置项可以单独执行某个或某几个内核 Demo，另一个配置项 InspectEntry 表示执行所有内核 Demo）后，在其子菜单中选择 Run Kernel Task Demo，如图 2.6 所示。

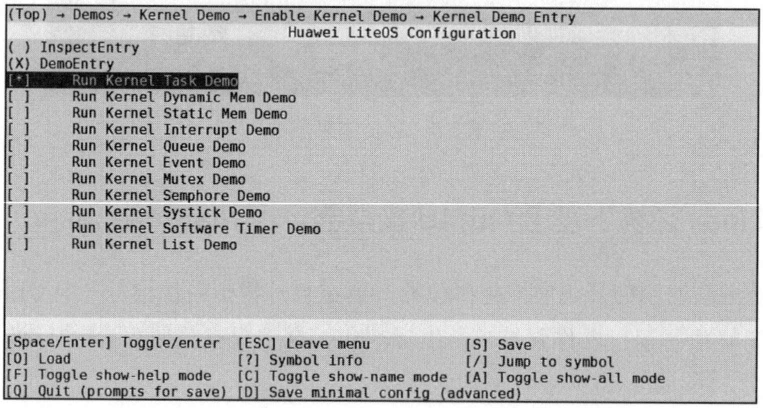

```
(Top) → Demos → Kernel Demo → Enable Kernel Demo → Kernel Demo Entry
                       Huawei LiteOS Configuration
( ) InspectEntry
(X) DemoEntry
[*]      Run Kernel Task Demo
[ ]      Run Kernel Dynamic Mem Demo
[ ]      Run Kernel Static Mem Demo
[ ]      Run Kernel Interrupt Demo
[ ]      Run Kernel Queue Demo
[ ]      Run Kernel Event Demo
[ ]      Run Kernel Mutex Demo
[ ]      Run Kernel Semphore Demo
[ ]      Run Kernel Systick Demo
[ ]      Run Kernel Software Timer Demo
[ ]      Run Kernel List Demo



[Space/Enter] Toggle/enter    [ESC] Leave menu          [S] Save
[O] Load                      [?] Symbol info           [/] Jump to symbol
[F] Toggle show-help mode     [C] Toggle show-name mode [A] Toggle show-all mode
[Q] Quit (prompts for save)   [D] Save minimal config (advanced)
```

图 2.6　Linux Demo 配置

配置完成后，输入字母"S"保存配置项，其默认会保存到根目录下的 .config 文件中，按下回车键即可完成保存。最后输入字母"Q"退出 menuconfig 配置。

（4）清理工程

编译前，仍需要在 Huawei LiteOS 根目录下执行 make clean 命令，删除以前编译出的二进制文件。

（5）编译工程

在 Huawei_LiteOS 根目录下执行 make 命令即可完成工程编译，编译结果会在屏幕上输出。生成的系统镜像文件、反汇编等文件在 out/realview-pbx-a9 目录中，库文件在 out/

⊖　https://gitee.com/LiteOS/LiteOS。

realview-pbx-a9/lib 目录中，中间文件在 out/realview-pbx-a9/obj 目录中。因为使能了 Kernel Task Demo，所以在保存库文件的 lib 目录中会有相应的库文件 libkernel_demo.a。

3. 运行

可以参考如下命令，通过 QEMU 启动 guest 虚拟机运行 Huawei LiteOS，因为 realview-pbx-a9 工程默认使能了 SMP（多核），所以启动虚拟机时也需要设置 -smp 参数：

```
$ qemu-system-arm -machine realview-pbx-a9 -smp 4 -m 512M -kernel out/realview-
    pbx-a9/Huawei_LiteOS.bin -nographic
```

上述命令中的各参数含义如下，更多信息可以通过执行 qemu-system-arm --help 命令查看。

- machine：设置 QEMU 要仿真的虚拟机类型。
- smp：设置 guest 虚拟机的 CPU 的个数。
- m：为此 guest 虚拟机预留的内存大小，如果不指定，默认为 128MB。
- kernel：设置要运行的镜像文件（包含文件路径）。
- nographic：以非图形界面启动虚拟机。

虚拟机启动后，就会运行 Huawei LiteOS，并进入 Shell 交互界面（出现 "Huawei LiteOS #" 提示符），可以看到如图 2.7 所示的打印信息。

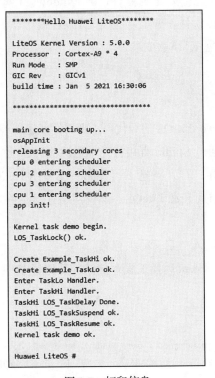

```
********Hello Huawei LiteOS********

LiteOS Kernel Version : 5.0.0
Processor  : Cortex-A9 * 4
Run Mode   : SMP
GIC Rev    : GICv1
build time : Jan  5 2021 16:30:06

*********************************

main core booting up...
osAppInit
releasing 3 secondary cores
cpu 0 entering scheduler
cpu 2 entering scheduler
cpu 3 entering scheduler
cpu 1 entering scheduler
app init!

Kernel task demo begin.
LOS_TaskLock() ok.

Create Example_TaskHi ok.
Create Example_TaskLo ok.
Enter TaskLo Handler.
Enter TaskHi Handler.
TaskHi LOS_TaskDelay Done.
TaskHi LOS_TaskSuspend ok.
TaskHi LOS_TaskResume ok.
Kernel task demo ok.

Huawei LiteOS #
```

图 2.7 打印信息

2.2.4　在 Windows 环境下基于 QEMU 模拟器运行 realview-pbx-a9

1. 搭建开发环境

在下载 Huawei LiteOS Studio 之后，搭建 Huawei LiteOS Studio 开发环境。

因为工程使用 Makefile 进行构建管理，所以需要安装 Make.exe 构建工具、GNU Arm Embedded Toolchain 编译交叉工具链。选择 realview-pbx-a9 开发板进行模拟，还需要安装 QEMU 模拟器工具。如果新建工程，则还应该安装 git for windows 工具。

1）安装 Git for Windows 工具。如果需要使用新建工程功能下载开源工程 SDK，则应安装 Git for Windows 工具。从 Git for Windows 官网⊖下载，并按安装向导完成最新版 Git for Windows 的安装。

2）安装 GNU Make 等构建软件。可以通过执行 x_pack_windows_build_tools_download 自动下载程序⊜来进行下载，默认下载到 C:\Users\<UserName>\.huawei-liteos-studio\tools\build 目录。注意需要先先安装 Git for Windows 工具，并加入环境变量。

3）安装 GNU Arm Embedded Toolchain 软件。可以通过执行 GNU Arm Embedded Toolchain 自动下载程序⊝来进行下载，默认下载到 C:\Users\<UserName>\.huawei-liteos-studio\tools\arm-none-eabi 目录。同样注意需要先安装 Git for Windows 工具，并加入环境变量。

4）安装 QEMU 模拟器软件。开发板使用 QEMU 模拟器，还应根据情况安装 QEMU 软件，可访问 QEMU 下载官网㊣下载安装。

2. 编译

（1）新建 / 打开工程

如果本地没有下载 Huawei LiteOS 的源代码，则需要新建工程。如果本地已经下载 Huawei LiteOS 的源代码，则可以通过 Studio 直接打开本地源代码，无须新建工程。

通过单击新建工程图标，打开新建工程界面。在使用 Huawei LiteOS Studio 新建工程时，需要联网，确保可以访问开源 LiteOS。确保网络连接通畅的同时，需要确保本地已安装 Git for Windows 工具。

1）在"工程名称"中填入自定义的工程名。

2）在"工程目录"中填入或选择工程存储路径，路径名中不要包含中文、空格、特殊字符等。

⊖　https://gitforwindows.org/。

⊜　https://liteos.gitee.io/liteos_studio/scripts/x_pack_windows_build_tools_download.bat。

⊝　https://liteos.gitee.io/liteos_studio/scripts/GNU_Arm_Embedded_Toolchain_download.bat。

㊣　https://qemu.weilnetz.de/。

3）选择 SDK 版本号，当前工程被维护在 https://gitee.com/，支持最新版本 master 分支。

4）在开发板信息表中选择开发板所在行，目前默认提供 STM32F429IG、STM32F769NI、STM32L431RC、STM32F103ZE、STM32F072RB、STM32F407ZG、realview-pbx-a9 七种开发板。

如图 2.8 所示，单击"确认"按钮，后台将下载并保存所选目标板的 SDK，等待下载完成后会在一个新窗口中自动打开新建的工程。

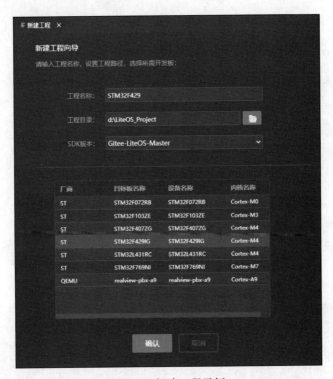

图 2.8　新建工程示例

新建工程后，会自动打开工程。如果需要打开存在的工程，则单击打开工程图标，选择工程所在的目录即可。

（2）配置 QEMU 模拟的开发板

打开 Studio 的"工程配置"→"目标板"窗口，选择 realview-pbx-a9 后单击"确认"按钮保存，如图 2.9 所示。

（3）配置想要执行的 Demo

打开 Studio 的"工程配置"→"组件配置"窗口，在左侧的"选择组件"界面中单击想要使能或修改的组件，在右侧的"组件属性"栏中勾选需要使能的组件，最后单击"确认"按钮保存。下面以使能 Kernel Task Demo 为例进行详细介绍。

　　在"选择组件"界面中，选择菜单项 Demos → Kernel Demo，然后在右侧的"组件属性"栏中勾选 Enable Kernel Demo，在菜单项 Kernel DemoEntry 中选择 DemoEntry（该配置项可以单独执行某个或某几个内核 Demo，另一个配置项 InspectEntry 表示执行所有内核 Demo）后，在其子菜单中选择 Run Kernel Task Demo，最后单击"确认"按钮保存，如图 2.10 所示。

图 2.9　目标板窗口

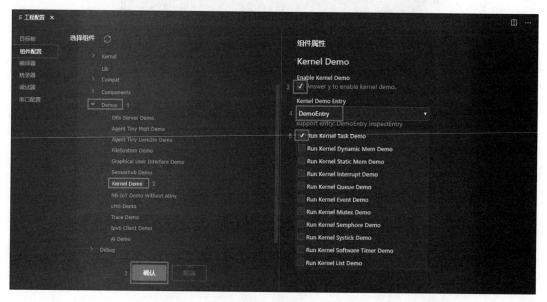

图 2.10　配置 Demo

（4）编译工程

如何在 Studio 中配置编译器并编译，可以参考 Studio 编译配置 - 编译代码（2.2.2 节中的参考链接），如果在此之前已经编译过，则可以使用"重新编译"按钮清理以前编译出的二进制文件并重新编译。生成的系统镜像文件、反汇编等文件在 out/realview-pbx-a9 目录中，库文件在 out/realview-pbx-a9/lib 目录中，中间文件在 out/realview-pbx-a9/obj 目录中。因为使能了 Kernel Task Demo，所以在保存库文件的 lib 目录中会有相应的库文件 libkernel_demo.a。

3. 运行

Huawei LiteOS Studio 通过烧录功能启动 QEMU 虚拟机运行 Huawei LiteOS。如何配置烧录器并运行 Huawei LiteOS，可以参考启动 realview-pbx-a9 仿真工程⊖。烧录成功后，自动启动 Huawei LiteOS，可以在"终端"界面中看到如图 2.11 所示的输出，按下回车键后即可进入 Shell 交互界面（出现"Huawei LiteOS #"提示符）。

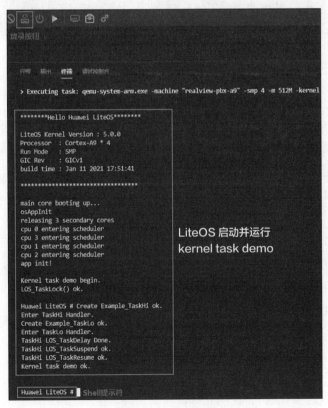

图 2.11　终端界面

⊖　https://liteos.gitee.io/liteos_studio/#/project_stm32?id= 启动 realview-pbx-a9 仿真工程。

Huawei LiteOS 默认打开了 Shell 组件，可以在终端界面的"Huawei LiteOS"提示符后输入支持的 Shell 命令，执行 Shell，如图 2.12 所示。如果要重新编译系统，需要先退出 Shell 交互界面。

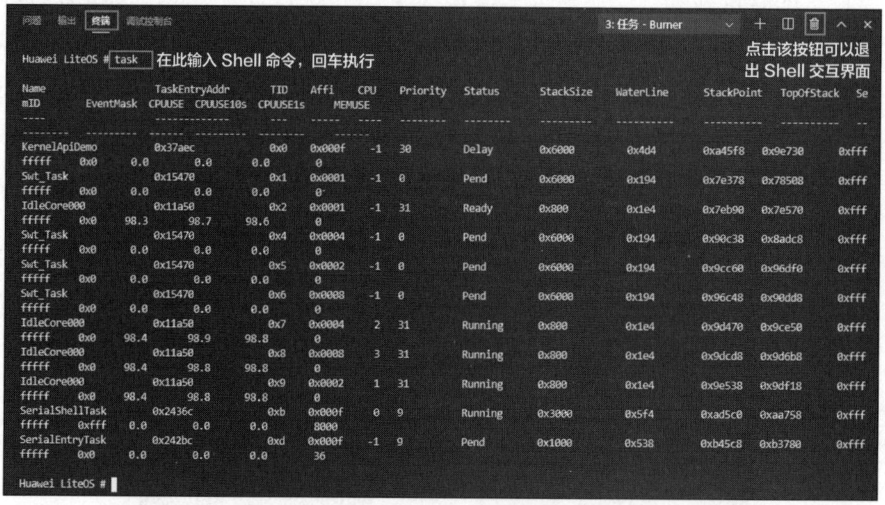

图 2.12　Shell 交互界面

2.3　LiteOS 移植指南

对于各种边缘侧的嵌入式设备而言，它们在系统资源方面都较为匮乏，同时不同设备往往采用不同的芯片，而且不同设备管理外设的情况也有很大差异，所以物联网操作系统无法像 Windows/Linux 那样适配集成所有驱动，通常在开发初始都会先进行芯片 / 开发板的选型适配工作。为了保证操作系统能稳定运行在目标芯片 / 开发板上，就需要进行相应的移植工作。面向开发板的移植工作包括 CPU 架构移植、板级 / 外设驱动移植和操作系统的移植。本书研究的范围基于 STM32 芯片平台，本节以国内主流的 STM32 学习板——STM32F407 开发板为例介绍如何快速移植 LiteOS，有关该开发板的介绍可参考官方网站[⊖]，其中并不涉及 CPU 架构移植。

2.3.1　环境准备

首先获取 LiteOS 源代码[⊜]，使用 master 分支，同时选用之前所用的 JLink 作为烧录仿真

⊖　http://www.alientek.com/productinfo/714608.html。
⊜　https://gitee.com/LiteOS/LiteOS。

器，下面具体介绍软件环境的准备工作。

（1）安装 STM32CubeMX

安装 STM32CubeMX[⊖]，这里使用的是 6.0.1 版本。

（2）安装 LiteOS Studio

除 LiteOS Studio 之外，还需要安装 git 工具、Python、Kconfiglib 等三方库、make 构建软件、arm-none-eabi 编译器软件、C/C++ 扩展、JLink 烧录软件，这些软件的安装均可参考 2.2.2 节介绍的 LiteOS Studio 安装指南和 STM32 工程搭建 Windows 开发环境。

所有软件安装完毕后重启计算机令其生效。对于板载 STLink 仿真器的 STM32 开发板，需要先把 STLink 仿真器刷成 JLink 仿真器，再按照 JLink 的方式烧写。可以参考 LiteOS Studio 官方文档的"STM32 工程示例"中的"ST-Link 仿真器单步调测"[⊖]。

（3）验证 LiteOS Studio 集成开发环境

在正式开始移植前，应当先验证当前开发环境是否能成功编译 LiteOS 代码并完成烧录。目前开源 LiteOS[⊜]支持若干开发板，如 Cloud_STM32F429IGTx_FIRE、STM32F769IDISCOVERY、STM32L431_BearPi 等。可以视情况验证环境。

如果没有官方已适配的开发板，则可以先使用 LiteOS 已支持的开发板工程验证编译功能，暂时不验证烧录功能，在 2.3.2 节的"测试裸机工程"中验证。

如果有官方已适配的开发板，则使用开发板对应的工程验证编译和烧录功能。例如：对于 Cloud_STM32F429IGTx_FIRE 开发板，在 LiteOS Studio 中配置目标板信息时，选择 STM32F429IG；对于 STM32F769IDISCOVERY 开发板，在 LiteOS Studio 中配置目标板信息时，选择 STM32F769NI；对于 STM32L431_BearPi 开发板，在 LiteOS Studio 中配置目标板信息时，选择 STM32L431RC。

验证方法可以参考 LiteOS Studio 官方文档的"STM32 工程示例"中的"使用入门"^⑭（只需关注其中的"打开工程""目标板配置 – 选择目标板""编译配置 – 编译代码"和"烧录配置 – 烧录"）。

2.3.2　创建裸机工程

裸机工程可以为移植提供硬件配置文件和外设驱动文件，同时可以测试开发板的基本

⊖　https://www.st.com/content/st_com/en/products/development-tools/software-development-tools/stm32-software-development-tools/stm32-configurators-and-code-generators/stm32cubemx.html。

⊖　https://liteos.gitee.io/liteos_studio/#/README。

⊜　https://gitee.com/LiteOS/LiteOS。

⑭　https://liteos.gitee.io/liteos_studio/#/project_stm32?id= 使用入门。

功能。STM32CubeMX 是意法半导体（ST）推出的一款图形化开发工具，支持 STM32 全系列产品，能够让用户轻松配置芯片外设引脚和功能，并一键生成 C 语言的裸机工程。以下依然以 STM32F407 为例介绍裸机工程的创建过程。

1. 新建工程

1）打开 STM32CubeMX 软件，单击菜单栏中的 File，在下拉菜单中选择 New Project，如图 2.13 所示。

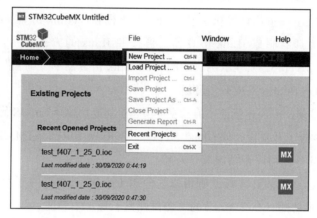

图 2.13　新建工程

2）选择开发板芯片。选择对应的开发板 MCU（对于 STM32F407 开发板，选择 STM32F407ZG），如图 2.14 所示。

*	Part No	Reference	Marketing ...	Unit Price for 10,...	Board	Package	Flash	RAM	IO	Freq.
☆	STM32F407IG	STM32F407IGHx	NA	NA		UFBGA176	1024 kByt...	192 kBytes	140	168 MHz
☆		STM32F407IGTx	NA	NA	STM3240G-EVAL	LQFP176	1024 kByt...	192 kBytes	140	168 MHz
☆	STM32F407VE	STM32F407VETx	NA	NA		LQFP100	512 kBytes	192 kBytes	82	168 MHz
☆	STM32F407VG	STM32F407VGTx	NA	NA	STM32F407G-DISC1	LQFP100	1024 kByt...	192 kBytes	82	168 MHz
☆	STM32F407ZE	STM32F407ZETx	NA	NA		LQFP144	512 kBytes	192 kBytes	114	168 MHz
★	STM32F407ZG	STM32F407ZGTx	NA	NA		LQFP144	1024 kByt...	192 kBytes	114	168 MHz
☆	STM32F410C8	STM32F410C8Ux	NA	NA		UFQFPN48	64 kBytes	32 kBytes	36	100 MHz
☆	STM32F410CB	STM32F410CBTx	NA	NA		LQFP48	128 kBytes	32 kBytes	35	100 MHz
☆		STM32F410CBUx	NA	NA		UFQFPN48	128 kBytes	32 kBytes	36	100 MHz
☆	STM32F410R8	STM32F410R8Tx	NA	NA		LQFP64	64 kBytes	32 kBytes	50	100 MHz
☆	STM32F410RB	STM32F410RBIx	NA	NA		UFBGA64	128 kBytes	32 kBytes	50	100 MHz

（表中「选择正点原子探索者开发板所使用的芯片」标注位于 STM32F410C8 与 STM32F410CB 行附近）

图 2.14　选择开发板芯片

2. 配置芯片外设

可以根据需要，自定义配置外设。本书以配置基本功能为例，如时钟、串口和 LED 灯，以及烧录调试方式，能够满足 LiteOS 运行所需的基本硬件需求。

（1）配置时钟

配置时钟引脚。选择 Pinout & Configuration 标签页，在左边的 System Core 中选择 RCC，设置 HSE（High Speed Clock，外部高速时钟）为 Crystal/ Ceramic Resonator（晶振 / 陶瓷谐振器），即采用外部晶振作为 HSE 的时钟源，如图 2.15 所示。

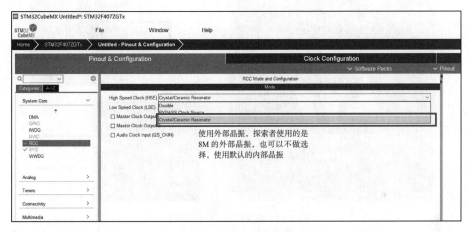

图 2.15　配置时钟引脚

配置时钟频率。将标签页切换为 Clock Configuration。STM32F407 芯片的最高时钟频率为 168MHz，在 HCLK 处输入 168 并且按下回车键即可完成配置，如图 2.16 所示。其他开发板的配置方式与此类似。

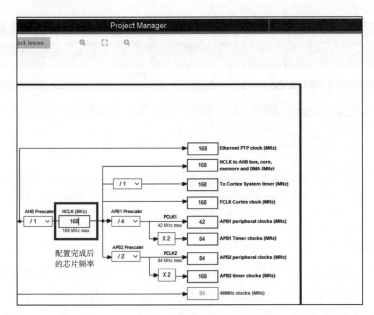

图 2.16　配置时钟频率

（2）配置串口和 LED 灯

将标签页切换回 Pinout & Configuration。图 2.17 给出了 STM32F407 开发板的配置方法。对于其他开发板，可以参考开发板的原理图进行相应配置。

图 2.17　配置串口和 LED 灯

（3）配置烧录调试方式

在 Pinout & Configuration 标签页中左侧的 System Core 中选择 SYS，将 Debug 设置为 Serial Wire，即 SWD 接口，该接口适用于 STLink 和 JLink，如图 2.18 所示。

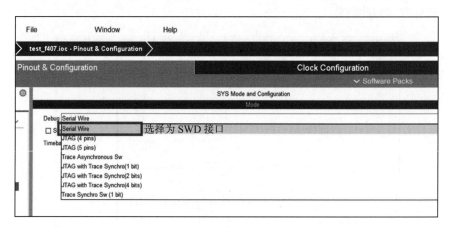

图 2.18　配置烧录调试方式

3. 配置工程

在配置工程的过程中，需要设置工程名、代码保存路径、编译工具链 /IDE、代码使用的堆栈大小以及 HAL 库版本。CubeMX 可以生成 Makefile、MDK-ARM、IAR 等 IDE 工程。本书基于 GCC 编译工具链，因此 Toolchain/IDE 选择 Makefile。将标签页切换到 Project

Manager，选择左边的 Project 标签，如图 2.19 所示。

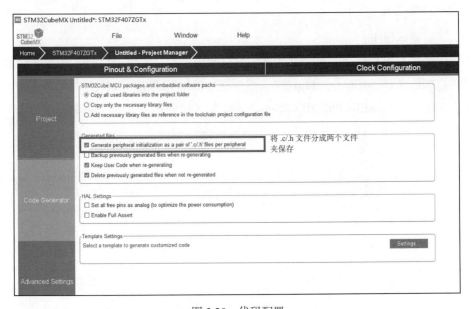

图 2.19　配置工程

为便于外设相关代码维护，建议勾选生成外设驱动的 .c/.h 文件。选择左边的 Code Generator 标签，如图 2.20 所示。

图 2.20　代码配置

4. 生成裸机工程代码

按以上步骤设置完外设和工程配置后，就可以生成裸机工程代码了，如图 2.21 所示。

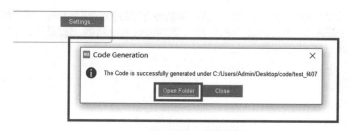

代码生成成功，打开文件夹

图 2.21　生成工程

生成的裸机工程目录结构如表 2.1 所示。

表 2.1　裸机工程目录结构

目录 / 文件	说明
build	该目录用于存放编译生成的文件
Core	用户代码和开发板的基本配置文件
Drivers STM32	官方 HAL 库
Makefile	裸机工程的 Makefile
startup stm32f407xx.s	芯片启动文件，主要包含堆栈定义等
STM32F407ZGTx FLASH.ld	裸机工程的链接脚本

5. 测试裸机工程

（1）编写测试程序

下面在裸机工程 Core\Src\main.c 文件中编写测试代码，实现串口循环输出和 LED 灯闪烁。首先添加头文件 include < stdio.h >，然后在 main() 函数的 while(1) 循环中添加 "代码片段 1"，同时在 / ＊ USERCODEBEGIN4 ＊ / 中添加 "代码片段 2"，如图 2.22 所示。

```
1
2  #代码片段1
3  printf("hello\n");
4      HAL_Delay(1000);
5      HAL_GPIO_TogglePin(GPIOF, GPIO_PIN_9);
6
7  #代码片段2
8  __attribute__((used)) int _write(int fd, char *ptr, int len)
9      {
10         (void)HAL_UART_Transmit(&huart1, (uint8_t *)ptr, len, 0xFFFF);
11         return len;
12     }
```

图 2.22　编写测试程序代码片段

（2）使用 LiteOS Studio 测试裸机工程

配置目标板。在"工程配置"界面中单击"目标板"，在"操作"列中单击"+"后，在出现的空行中填入 STM32F407 开发板信息，选中新增的开发板后，单击"确认"按钮保存，如图 2.23 所示。

图 2.23　配置目标板

编译。在裸机工程根目录下的 Makefile 文件上单击右键，在弹出的菜单中单击"Set as MakeFile File"选项，如图 2.24a 所示，然后重新编译整个文件，如图 2.24b 所示，编译生成的二进制镜像文件在工程根目录的 build 目录下，如图 2.24c 所示。

a）设置为编译对象

b）重新编译整个文件

c）编译成功的输出结果

图 2.24　编译裸机工程

烧录分为以下步骤。首先需要配置烧录器。在“工程配置”界面中单击“烧录器”，参照图 2.25 进行配置，要烧录的二进制镜像文件就是上一步编译生成的 bin 文件，配置项中的“连接速率”“加载地址”保持默认值即可。

欢迎使用
HUAWEI LiteOS Studio
工程配置
目标板
组件配置
编译器
烧录器
调试器
串口配置
烧录器配置
烧录需要，请选择烧录方式，设置烧录器目录，选择烧录文件等：
选择 JLink 烧录
烧录方式：
JLink
端口：
USB
烧录器目录：
C:\Program Files (x86)\SEGGER\JLink
设置 JLink 安装目录
烧录文件：
7_bare_metal_project\build\test_f407_1_25_0.bin
设置要烧录的二进制镜像文件
连接方式：
SWD
连接方式选择 SWD
连接速率(KHz)：
8000
加载地址：
0x08000000
确认
取消

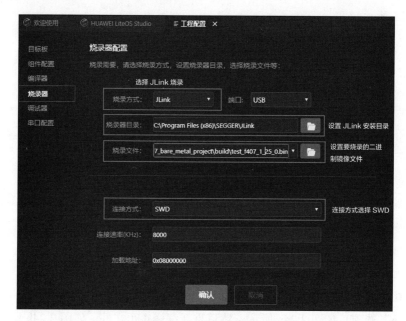

图 2.25 配置烧录器

接下来，单击工具栏上的“烧录”按钮进行烧录，如图 2.26 所示。

文件(F)
编辑(E)
选择(S)
查看(V)
转到(G)
运行(R)
终端(T)
帮助(H)
资源管理器
“烧录”按钮
欢迎使用

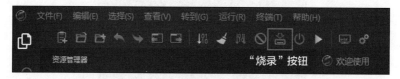

图 2.26 “烧录”按钮

最终烧录成功后，可以在“终端”界面中看到如图 2.27 所示的输出。

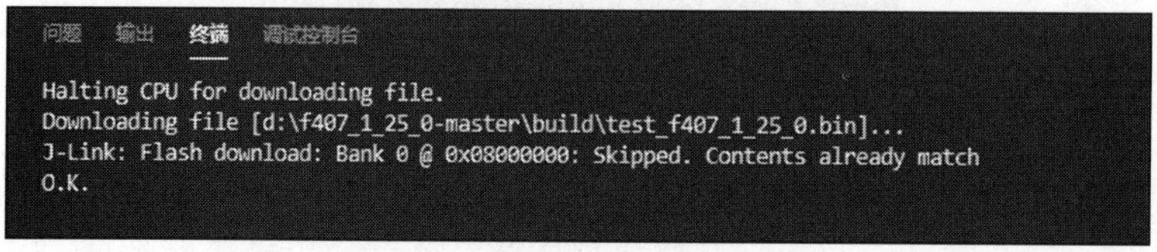

问题
输出
终端
调试控制台
Halting CPU for downloading file.
Downloading file [d:\f407_1_25_0-master\build\test_f407_1_25_0.bin]...
J-Link: Flash download: Bank 0 @ 0x08000000: Skipped. Contents already match
O.K.

图 2.27 “终端”界面

查看串口输出。单击工具栏上的“串口终端”图标，打开“串口终端”界面。如图 2.28 所示，只需设置与开发板连接的实际端口号，并打开串口开关。在开发板上，按下复位

（RESET）按钮后，即可在"串口终端"界面中看到不断输出 hello，同时也可以观察到开发板的 LED 灯闪烁。

图 2.28　串口输出

2.3.3　移植适配

下面的移植工作会基于现有的裸机工程进行，大致步骤如下。

1. 增加新开发板的目录

作为书中示例的 STM32F407 开发板使用了 STM32F4 芯片，可以参考 Cloud_STM32F429IGTx_FIRE 工程代码⊖。在 LiteOS 源码 target 目录下复制 Cloud_STM32F429IGTx_FIRE 目录，并将目录重命名为新开发板名，例如 STM32F407_OpenEdv。表 2.2 是 STM32F407_OpenEdv 目录中的子目录和文件，其中只列出了与本次移植相关的内容，不相关的文件和目录可以删除。

表 2.2　新增开发板的目录结构

文件	说明
Inc	芯片外设配置的头文件
include	LiteOS 系统相关配置头文件
os_adapt	LiteOS 适配的接口文件
Src	芯片外设配置的源文件
config.mk	当前开发板工程的编译配置文件
liteos.ld	当前开发板工程的链接文件
los_startup_gcc.S	芯片启动文件，主要包含堆栈定义等
Makefile	当前开发板工程的 Makefile

2. 适配外设驱动和 HAL 库配置文件

（1）将芯片外设驱动文件替换为对应芯片的文件

修改芯片外设驱动源文件 system_xxx.c。LiteOS 对 STM32F407_OpenEdv\Src\system_stm32f4xx.c 做了修改，所以该文件无法在新开发板上使用，移植时可以直接将其替换为裸机工程中对应的文件。对于 STM32F407 开发板，在裸机工程中的对应文件为 Core\Src\system_stm32f4xx.c。

修改芯片外设驱动头文件。删除原 STM32F429 芯片外设驱动的头文件 STM32F407_

⊖　https://gitee.com/LiteOS/LiteOS/tree/master/targets/Cloud_STM32F429IGTx_FIRE。

OpenEdv\Inc\stm32f429xx.h，替换为新开发板对应的文件，可以直接使用裸机工程中的
Drivers\CMSIS\Device\ST\STM32F4xx\Include\stm32f407xx.h 文件。

注意，在某些文件中可能引用了原芯片外设的头文件 stm32f429xx.h，需要在文件中
改为 stm32f407xx.h。目前在新增开发板 STM32F407_OpenEdv 目录下，只有 include\asm\
hal_platform_ints.h 中引用了 stm32f429xx.h，修改 #include "stm32f429xx.h" 为 #include
"stm32f407xx.h"。

（2）移植 HAL 库配置文件

直接用裸机工程中的 Core\Inc\stm32f4xx_hal_conf.h 文件替换 STM32F407_OpenEdv\
Inc\stm32f4xx_hal_conf.h 即可。

（3）注释随机数代码

目前不需要使用随机数，为减少不必要的移植工作，建议先注释随机数相关代码。搜
索关键字 "rng"，在 STM32F407_OpenEdv 目录下找到以下几处使用，将其注释掉。

- Src\sys_init.c 中：

```
/*
int atiny_random(void *output, size_t len)
{
    return hal_rng_generate_buffer(output, len);
}
*/
```

- Src\main.c 中：

```
VOID HardwareInit(VOID)
{
    SystemClock_Config();
    MX_USART1_UART_Init();
    // hal_rng_config();
    dwt_delay_init(SystemCoreClock);
}
```

（4）添加初始化 HAL 库的函数

在 STM32F407_OpenEdv\Src\main.c 硬件初始化函数的第一行，添加初始化 HAL 库的
函数 HAL_Init()：

```
VOID HardwareInit(VOID)
{
    HAL_Init();
    SystemClock_Config();
    MX_USART1_UART_Init();
    // hal_rng_config();
    dwt_delay_init(SystemCoreClock);
}
```

3. 配置系统时钟

（1）配置系统主频

可在 STM32F407_OpenEdv\include\hisoc\clock.h 文件中设置，一般将时间频率设置为 SystemCoreClock，实现代码为：

```
#define get_bus_clk()  SystemCoreClock
```

（2）修改系统时钟配置函数 SystemClock_Config()

函数定义在 STM32F407_OpenEdv\Src\sys_init.c 文件中，可以直接使用裸机工程 Core\Src\main.c 中的函数实现。同时在函数结束前加上 SystemCoreClockUpdate() 调用。

4. 适配串口初始化文件

1）使用裸机工程的串口初始化文件 Core\Src\usart.c 和 Core\Inc\usart.h 替换 LiteOS 源码中的 targets\STM32F407_OpenEdv\Src\usart.c 和 targets\STM32F407_OpenEdv\Inc\usart.h。

2）在 targets\STM32F407_OpenEdv\Inc\usart.h 中增加对 STM32F4 系列芯片的 HAL 驱动头文件的引用：

```
#include "stm32f4xx_hal.h"
```

3）在 targets\STM32F407_OpenEdv\Src\usart.c 文件尾部添加如下两个函数定义：

```
__attribute__((used)) int _write(int fd, char *ptr, int len)
{
    (void)HAL_UART_Transmit(&huart1, (uint8_t *)ptr, len, 0xFFFF);
    return len;
}
int uart_write(const char *buf, int len, int timeout)
{
    (void)HAL_UART_Transmit(&huart1, (uint8_t *)buf, len, 0xFFFF);
    return len;
}
```

5. 修改链接脚本

STM32F407_OpenEdv\liteos.ld 是新开发板的链接脚本，需要根据开发板的实际情况修改 stack、flash、ram 的值，可以参考裸机工程链接脚本 STM32F407ZGTx_FLASH.ld 中的设定值进行设置。其中，stack 在链接脚本中对应的是 "_estack" 变量，flash 对应的是 "FLASH" 变量，ram 对应的是 "RAM" 变量。

同时为适配 LiteOS 操作系统，链接脚本中增加了如下代码。

1）增加了一个 vector，用于初始化 LiteOS：

```
/* used by the startup to initialize liteos vector */
_si_liteos_vector_data = LOADADDR(.vector_ram);
```

```
/* Initialized liteos vector sections goes into RAM, load LMA copy after code */
.vector_ram :
{
    . = ORIGIN(RAM);
    _s_liteos_vector = .;
    *(.data.vector)    /* liteos vector in ram */
    _e_liteos_vector = .;
} > RAM AT> FLASH
```

2）在 .bss 段中增加了 "__bss_end" 变量的定义，因为在 LiteOS 中使用的是这个变量而非 "__bss_end__" 变量：

```
__bss_end = _ebss;
```

3）设置 LiteOS 使用的内存池的地址，包括起始地址和结束地址：

```
. = ALIGN(8);
__los_heap_addr_start__ = .;
__los_heap_addr_end__ = ORIGIN(RAM) + LENGTH(RAM) - _Min_Stack_Size - 1;
```

6. 适配编译配置

（1）修改开发板 Makefile 文件

首先，将所有 Cloud_STM32F429IGTx_FIRE 替换成 STM32F407_OpenEdv。然后，STM32F407_OpenEdv 目录相对于 Cloud_STM32F429IGTx_FIRE 工程的目录少了一些文件和子目录，需要在 Makefile 中删除对这些目录文件的引用，即删除如下内容：

```
HARDWARE_SRC = \
    ${wildcard$(LITEOSTOPDIR)/targets/Cloud_STM32F429IGTx_FIRE/Hardware/Src/*.c}
    C_SOURCES += $(HARDWARE_SRC)

HARDWARE_INC = \
    -I $(LITEOSTOPDIR)/targets/Cloud_STM32F429IGTx_FIRE/Hardware/Inc
    BOARD_INCLUDES += $(HARDWARE_INC)
```

接下来，搜索关键字 STM32F429，把它替换为 STM32F407。最后，如果需要添加自己的源文件，可以将该源文件添加到 USER_SRC 变量中。

（2）添加新开发板到系统配置中

修改 targets\targets.mk。可以参考其他开发板的编译配置，新增 STM32F407 开发板的配置如下所示：

```
###################### STM32F407ZGTX Options############################
else ifeq ($(LOSCFG_PLATFORM_STM32F407ZGTX), y)
    TIMER_TYPE := arm/timer/arm_cortex_m
    LITEOS_CMACRO_TEST += -DSTM32F407xx
HAL_DRIVER_TYPE := STM32F4xx_HAL_Driver
```

新增 STM32F407_OpenEdv.config。在 tools\build\config 文件夹下复制 Cloud_STM32F-429IGTx_FIRE.config 文件，并把它重命名为 STM32F407_OpenEdv.config，同时将文件内容中的 Cloud_STM32F429IGTx_FIRE 改为 STM32F407_OpenEdv，将 LOSCFG_PLATFORM_STM32F429IGTX 改为 LOSCFG_PLATFORM_STM32F407ZGTX。

修改 .config。复制 tools\build\config\STM32F407_OpenEdv.config 文件到 LiteOS 根目录下，并把它重命名为 .config 以替换根目录下原有的 .config 文件。

7. 在 LiteOS Studio 上验证

通过编译和烧录，验证移植后的 LiteOS 源码，验证方法可以参考 2.3.2 节中的"使用 LiteOS Studio 测试裸机工程"部分。将 Huawei_LiteOS.bin 烧录到开发板后，复位开发板，可以在串口看到类似图 2.29 所示的输出。

```
********Hello Huawei LiteOS********

LiteOS Kernel Version : 5.0.0-rc1
build data : Oct 26 2020 01:57:19

*******************************
```

图 2.29　移植验证

2.3.4　任务创建示例

1. 任务处理函数简介

LiteOS 的 main 函数定义在开发板工程的 main.c 文件中，主要负责硬件和内核的初始化工作，并在初始化完成后开始任务调度。在 main 调用的 OsMain 函数中，会调用 OsAppInit() 创建一个名为 app_Task 的任务，该任务的处理函数为 app_init()。用户可以直接在 app_init() 中添加自己的代码，可以是一段功能代码或者一个任务。

2. 创建任务

（1）任务简介

LiteOS 支持多任务。在 LiteOS 中，一个任务表示一个线程。任务可以使用或等待 CPU、使用内存空间等系统资源，并独立于其他任务运行。LiteOS 实现了任务之间的切换和通信，帮助开发者管理业务程序流程。开发者可以将更多的精力投入到业务功能的实现中。

在 LiteOS 中，通过函数 LOS_TaskCreate() 创建任务，LOS_TaskCreate() 函数原型在

kernel\base\los_task.c 文件中定义。调用 LOS_TaskCreate() 创建一个任务后，任务就会进入就绪状态。

（2）任务创建流程

下面以一个循环亮灯任务为例，介绍 LiteOS 任务创建流程。在移植好的开发板工程"targets\ 开发板名称 \Src\main.c"文件中按照如下流程创建任务。

首先，编写任务函数，创建两个闪烁频率不同的 LED 指示灯任务：

```
UINT32 LED1_init(VOID)
{
    while(1) {
        HAL_GPIO_TogglePin(GPIOF, GPIO_PIN_9);
        // 需要和"创建裸机工程"中配置的 LED 灯引脚对应
        LOS_TaskDelay(500000);
    }
    return 0;
}

UINT32 LED2_init(VOID)
{
    while(1) {
        HAL_GPIO_TogglePin(GPIOF, GPIO_PIN_10);
        // 需要和"创建裸机工程"中配置的 LED 灯引脚对应
        LOS_TaskDelay(1000000);
    }
    return 0;
}
```

接下来，配置两个任务的参数并创建任务：

```
STATIC UINT32 LED1TaskCreate(VOID)
{
    UINT32 taskId;
    TSK_INIT_PARAM_S LEDTask;

    (VOID)memset_s(&LEDTask, sizeof(TSK_INIT_PARAM_S), 0, sizeof(TSK_INIT_PARAM_S));
    LEDTask.pfnTaskEntry = (TSK_ENTRY_FUNC)LED1_init;
    LEDTask.uwStackSize = LOSCFG_BASE_CORE_TSK_DEFAULT_STACK_SIZE;
    LEDTask.pcName = "LED1_Task";
    LEDTask.usTaskPrio = LOSCFG_BASE_CORE_TSK_DEFAULT_PRIO;
    LEDTask.uwResved = LOS_TASK_STATUS_DETACHED;
    return LOS_TaskCreate(&taskId, &LEDTask);
}

STATIC UINT32 LED2TaskCreate(VOID)
{
    UINT32 taskId;
    TSK_INIT_PARAM_S LEDTask;
```

```
    (VOID)memset_s(&LEDTask, sizeof(TSK_INIT_PARAM_S), 0, sizeof(TSK_INIT_PARAM_S));
    LEDTask.pfnTaskEntry = (TSK_ENTRY_FUNC)LED2_init;
    LEDTask.uwStackSize = LOSCFG_BASE_CORE_TSK_DEFAULT_STACK_SIZE;
    LEDTask.pcName = "LED2_Task";
    LEDTask.usTaskPrio = LOSCFG_BASE_CORE_TSK_DEFAULT_PRIO;
    LEDTask.uwResved = LOS_TASK_STATUS_DETACHED;
    return LOS_TaskCreate(&taskId, &LEDTask);
}
```

然后，在硬件初始化函数 HardwareInit() 中增加对 LED 灯的初始化：

```
MX_GPIO_Init();
```

对于移植好的 STM32F407_OpenEdv 工程，任务处理函数 app_init 定义在 targets\STM32F407_
OpenEdv\Src\user_task.c 文件中，其中包含网络、文件系统等相关的任务，目前并不需要
执行这些任务，可在 targets\STM32F407_OpenEdv\Makefile 的 USER_SRC 变量中删除该文
件，后续有相关任务需求时，可以参考该文件的实现。

最后，在 main.c 文件的 main() 函数前实现任务处理函数 app_init()，添加对 LED 任务
创建函数的调用，详细的代码可参照相关链接[⊖]获取。

```
UINT32 app_init(VOID)
{
    LED1TaskCreate();
    LED2TaskCreate();
    return 0;
}
```

⊖　https://support.huaweicloud.com/porting-LiteOS/zh-cn_topic_0314628536.html。

第 3 章

LiteOS 开发指南

Huawei LiteOS 是面对 AIoT 架构的边缘侧设备进行管理和服务的，其本质上是以嵌入式物联网设备为对象进行管理的操作系统，具有低功耗、高实时、轻量级、云协同优化等特点。本章重点从操作系统的角度介绍 Huawei LiteOS 的特点，以供在进行应用开发时参考。

3.1　概述

Huawei LiteOS 是华为面向物联网领域开发的一个基于实时内核的轻量级操作系统。现有基础内核包括不可裁剪的极小内核和可裁剪的其他模块。极小内核包含任务管理、内存管理、异常管理、系统时钟和中断管理。可裁剪的其他模块包括信号量、互斥锁、消息队列、事件、软件定时器等。除基础内核之外，Huawei LiteOS 还提供了内核增强，包括 C++ 支持、低功耗以及调测模块。低功耗通过支持 Tickless 机制、Run-stop 休眠唤醒，可以大大降低系统功耗。调测部分包含获取 CPU 占用率、Trace 事件跟踪、Shell 命令行等功能。LiteOS 内核架构系统如图 3.1 所示。

Huawei LiteOS 同时提供云边协同能力，集成了 LwM2M、CoAP、mbedtls、LwIP 全套 IoT 互联协议栈，且在 LwM2M 的基础上提供了 AgentTiny 模块，用户只需要关注自身的应用，而不必关注 LwM2M 实现细节，直接使用 AgentTiny 封装的接口即可简单、快速地实现与云平台安全可靠的连接。

本章首先介绍 LiteOS 的内核架构，然后对任务、内存、中断、异常接管、错误处理、队列、事件、信号量和互斥锁展开详细的描述。

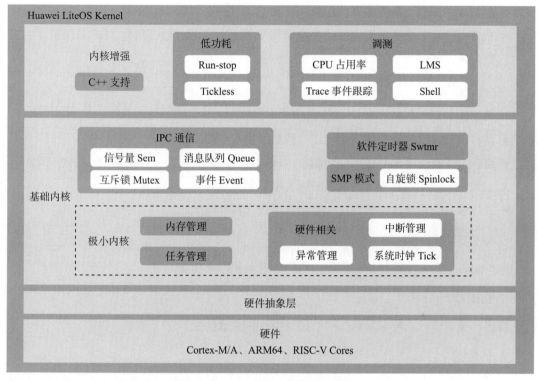

图 3.1　LiteOS 内核架构系统

3.1.1　各模块简介

1. 任务管理

该模块提供任务的创建、删除、延迟、挂起、恢复等功能，以及锁定和解锁任务调度，支持任务按优先级高低的抢占调度和同优先级时间片轮转调度。

2. 内存管理

- 该模块提供静态内存和动态内存两种算法，支持内存的申请和释放。目前支持的内存管理算法有固定大小的 BOX 算法、动态申请的 bestfit 算法和 bestfit little 算法。
- 该模块提供内存统计、内存越界检测等功能。

3. 硬件相关

该模块提供中断管理、异常管理、系统时钟（Tick）等功能。

- 中断管理：提供中断的创建、删除、使能、禁止、请求位的清除功能。
- 异常管理：系统运行过程中发生异常后，跳转到异常处理模块，打印当前发生异常的函数调用栈信息或者保存当前系统状态。

- Tick：Tick 是操作系统调度的基本时间单位，对应的时长由每秒 Tick 数决定，由用户配置。

4. IPC 通信

该模块提供消息队列、事件、信号量和互斥锁功能。

- 消息队列：支持消息队列的创建、删除、发送和接收功能。
- 事件：支持读事件和写事件功能。
- 信号量：支持信号量的创建、删除、申请和释放功能。
- 互斥锁：支持互斥锁的创建、删除、申请和释放功能。

5. 软件定时器

软件定时器提供了定时器的创建、删除、启动和停止功能。

6. 自旋锁

在多核场景下，支持自旋锁的初始化、申请和释放功能。

7. 低功耗

- Run-stop：休眠唤醒，是 Huawei LiteOS 提供的保存系统现场镜像以及从系统现场镜像中恢复运行的机制。
- Tickless：Tickless 机制通过计算下一次有意义的时钟中断的时间，来减少不必要的时钟中断，从而降低系统功耗。打开 Tickless 功能后，系统会在 CPU 空闲时启动 Tickless 机制。

8. 调测

该模块主要包括以下功能。

- CPU 占用率：可以获取系统或者指定任务的 CPU 占用率。
- Trace 事件跟踪：实时获取事件发生的上下文，并写入缓冲区。支持自定义缓冲区，跟踪指定模块的事件，开启 / 停止 Trace，清除 / 输出 Trace 缓冲区数据等。
- LMS：实时检测内存操作的合法性，LMS 能够检测的内存问题包括缓冲区溢出（buffer overflow）、释放后使用（use after free）、多重释放（double free）和释放野指针（free wild pointer）。
- Shell：Huawei LiteOS Shell 使用串口接收用户输入的命令，通过命令的方式调用、执行相应的应用程序。Huawei LiteOS Shell 支持常用的基本调试功能，同时支持用户添加自定义命令。

9. C++ 支持

Huawei LiteOS 支持部分 STL 特性和 RTTI 特性，其他特性由编译器支持。

3.1.2　内核启动流程

图 3.2 展示了具体的内核启动流程，从图中可以看出，首先需要初始化动态内存池，然后根据 menuconfig 菜单配置注册各个模块，接下来对各个模块进行初始化，即硬中断初始化、异常接管初始化、Ipc 初始化等，最后完成操作系统的启动工作。

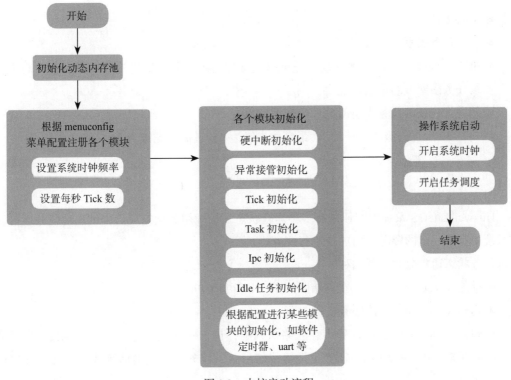

图 3.2　内核启动流程

3.1.3　使用约束

Huawei LiteOS 提供一套自有 OS 接口，同时也支持 POSIX 和 CMSIS 接口。请勿混用这些接口，否则可能导致不可预知的错误，例如：用 POSIX 接口申请信号量，但用 Huawei LiteOS 接口释放信号量，开发驱动程序只能用 Huawei LiteOS 的接口，上层 App 建议用 POSIX 接口。

3.2 任务

3.2.1 概述

1. 基本概念

从系统的角度看，任务是竞争系统资源的最小运行单元。任务可以使用或等待 CPU、使用内存空间等系统资源，并独立于其他任务运行。Huawei LiteOS 的任务模块可以给用户提供多个任务，实现任务间的切换，帮助用户管理业务程序流程。Huawei LiteOS 的任务模块具有如下特性。

- 支持多任务。
- 一个任务表示一个线程。
- 抢占式调度机制，高优先级任务可打断低优先级任务，低优先级任务必须在高优先级任务阻塞或结束后才能得到调度。
- 相同优先级的任务支持时间片轮转调度方式。
- 共有 32 个优先级（0 ～ 31），最高优先级为 0，最低优先级为 31。

2. 任务相关概念

（1）任务状态

Huawei LiteOS 系统中的任务有多种运行状态。系统初始化完成后，创建的任务就可以在系统中竞争一定的资源，由内核进行调度。

任务状态通常分为以下四种。

- 就绪（ready）：该任务在就绪队列中，只等待 CPU。
- 运行（running）：该任务正在执行。
- 阻塞（blocked）：该任务不在就绪队列中，包含任务被挂起（suspend 状态）、任务被延时（delay 状态）、任务正在等待信号量、任务正在读写队列或者任务正在等待事件等。
- 退出态（dead）：该任务运行结束，等待系统回收资源。

（2）任务状态转移

图 3.3 展示了任务状态之间的转移，接下来对任务状态之间的转移逐一说明。

- 就绪态→运行态。任务被创建后进入就绪态，发生任务切换时，就绪队列中最高优先级的任务被执行，从而进入运行态，但此刻该任务依旧在就绪队列中。
- 运行态→阻塞态。正在运行的任务发生阻塞（挂起、延时、读信号量等）时，该任务会从就绪队列中被删除，任务状态由运行态变成阻塞态，然后发生任务切换，运行就绪队列中最高优先级的任务。

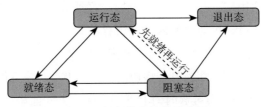

图 3.3　任务状态转移示意图

- 阻塞态→就绪态（阻塞态→运行态）。阻塞的任务被恢复后（任务恢复、延时时间超时、读信号量超时或读到信号量等），此时被恢复的任务会被加入就绪队列，从而由阻塞态变成就绪态；此时如果被恢复任务的优先级高于正在运行任务的优先级，则会发生任务切换，该任务由就绪态变成运行态。
- 就绪态→阻塞态。任务也有可能在就绪态时被阻塞（挂起），此时任务状态由就绪态变为阻塞态，该任务从就绪队列中被删除，不会参与任务调度，直到该任务被恢复。
- 运行态→就绪态。有更高优先级的任务被创建或者恢复后，会发生任务调度，此刻就绪队列中最高优先级的任务变为运行态，那么原先运行的任务由运行态变为就绪态，依然在就绪队列中。
- 运行态→退出态。运行中的任务运行结束，任务状态由运行态变为退出态。退出态包含任务运行结束的正常退出状态以及 Invalid 状态。例如，任务运行结束但是没有自删除，对外呈现的就是 Invalid 状态，即退出态。
- 阻塞态→退出态。阻塞的任务调用删除接口，任务状态由阻塞态变为退出态。

（3）任务 ID

任务 ID 在任务创建时通过参数返回给用户，是任务的重要标识。系统中的 ID 号是唯一的。用户可以通过任务 ID 对指定任务进行任务挂起、任务恢复、查询任务名等操作。

（4）任务优先级

优先级表示任务执行的优先顺序。任务的优先级决定了在发生任务切换时即将要执行的任务，就绪队列中最高优先级的任务将得到执行。

（5）任务入口函数

任务入口函数是指新任务得到调度后将执行的函数。该函数由用户实现，在任务创建时，通过任务创建结构体设置。

（6）任务栈

每个任务都拥有一个独立的栈空间，被称为任务栈。栈空间里保存的信息包含局部变量、寄存器、函数参数、函数返回地址等。

（7）任务上下文

任务在运行过程中使用的一些资源，如公用寄存器等，称为任务上下文。当该任务被挂起时，其他任务继续执行，可能会修改这些寄存器等资源中的数值。如果任务切换时没有保存任务上下文，可能会导致任务恢复后出现未知错误。

因此，Huawei LiteOS 在任务切换时会将切出任务的上下文信息保存在自身的任务栈中，以便任务恢复后，从栈空间中恢复挂起时的上下文信息，从而继续执行挂起时被打断的代码。

（8）任务控制块（TCB）

每个任务都含有一个任务控制块（Task Control Block，TCB）。TCB 包含了任务上下文栈指针（stack pointer）、任务状态、任务优先级、任务 ID、任务名、任务栈大小等信息。TCB 可以反映每个任务的运行情况。

（9）任务切换

任务切换包含获取就绪队列中最高优先级的任务、切出任务上下文保存、切入任务上下文恢复等动作。

3. 运行机制

用户创建任务时，系统会初始化任务栈并预置上下文。此外，系统还会将任务入口函数地址放在相应的位置。这样在任务第一次启动进入运行态时，将会执行任务入口函数。

3.2.2 开发指导

1. 使用场景

创建任务后，内核可以执行锁任务调度、解锁任务调度、挂起、恢复、延时等操作，同时也可以设置任务优先级、获取任务优先级。

2. 功能

Huawei LiteOS 的任务管理模块提供下面几种功能，接口详细信息可以查看 API 参考，如表 3.1 所示。

表 3.1 任务管理模块提供的功能

功能分类	接口名	描述
创建和删除任务	LOS_TaskCreateOnly	创建任务，并使该任务进入 suspend 状态，不对该任务进行调度。如果需要调度，可以调用 LOS_TaskResume 使该任务进入 ready 状态
	LOS_TaskCreate	创建任务，并使该任务进入 ready 状态，如果就绪队列中没有更高优先级的任务，则运行该任务

（续）

功能分类	接口名	描述
创建和删除任务	LOS_TaskCreateOnlyStatic	创建任务，任务栈由用户传入，并使该任务进入 suspend 状态，不对该任务进行调度。如果需要调度，可以调用 LOS_TaskResume 使该任务进入 ready 状态
	LOS_TaskCreateStatic	创建任务，任务栈由用户传入，并使该任务进入 ready 状态，如果就绪队列中没有更高优先级的任务，则运行该任务
	LOS_TaskDelete	删除指定的任务
控制任务状态	LOS_TaskResume	恢复被挂起的任务，使该任务进入 ready 状态
	LOS_TaskSuspend	挂起指定的任务，然后切换任务
	LOS_TaskDelay	任务延时等待，释放 CPU，等待时间到期后，该任务会重新进入 ready 状态
	LOS_TaskYield	当前任务释放 CPU，并将其移到具有相同优先级的就绪任务队列的末尾
控制任务调度	LOS_TaskLock	锁任务调度，但任务仍可被中断打断
	LOS_TaskUnlock	解锁任务调度
控制任务优先级	LOS_CurTaskPriSet	设置当前任务的优先级
	LOS_TaskPriSet	设置指定任务的优先级
	LOS_TaskPriGet	获取指定任务的优先级
设置任务亲和性	LOS_TaskCpuAffiSet	设置指定任务的运行 CPU 集合（该函数仅在 SMP 模式下支持）
回收任务栈资源	LOS_TaskResRecycle	回收所有待回收的任务栈资源
获取任务信息	LOS_CurTaskIDGet	获取当前任务的 ID
	LOS_TaskInfoGet	获取指定任务的信息，包括任务状态、优先级、任务栈大小、栈顶指针、任务入口函数、已使用的任务栈大小等
	LOS_TaskCpuAffiGet	获取指定任务的运行 CPU 集合（该函数仅在 SMP 模式下支持）
任务信息维测	LOS_TaskSwitchHookReg	注册任务上下文切换的钩子函数。只有开启 LOSCFG_BASE_CORE_TSK_MONITOR 宏开关后，这个钩子函数才会在任务发生上下文切换时被调用
任务空闲处理回调	LOS_IdleHandlerHookReg	注册空闲任务钩子函数，当系统空闲时调用

3. 自删除状态

　　Huawei LiteOS 任务的大多数状态都由内核维护，唯有自删除状态对用户可见，需要用户在创建任务时传入，如表 3.2 所示。

表 3.2　自删除状态

定义	实际数值	描述
LOS_TASK_STATUS_DETACHED	0x0100	任务是自删除的

　　用户在调用创建任务接口时，可以将创建任务的 TSK_INIT_PARAM_S 参数的 uwResved 域设置为 LOS_TASK_STATUS_DETACHED，即自删除状态，设置成自删除状态的任务会在运行完成后执行自删除操作。

4. 任务错误码

创建任务、删除任务、挂起任务、恢复任务、延时任务等操作存在失败的可能，失败时会返回对应的错误码，以便快速定位错误原因，如表 3.3 所示。

表 3.3　任务错误码

定义	实际数值	描述	解决方案
LOS_ERRNO_TSK_NO_MEMORY	0x03000200	内存空间不足	增大动态内存空间，有两种方式可以实现： • 设置更大的系统动态内存池，配置项为 OS_SYS_MEM_SIZE • 释放一部分动态内存 如果错误发生在 LiteOS 启动过程中的任务初始化，还可以通过减少系统支持的最大任务数来解决；如果错误发生在任务创建过程中，也可以通过减小任务栈大小来解决
LOS_ERRNO_TSK_PTR_NULL	0x02000201	传递给任务创建接口的任务参数 initParam 为空指针，或者传递给任务信息获取的接口的参数为空指针	确保传入的参数不为空指针
LOS_ERRNO_TSK_STKSZ_NOT_ALIGN	0x02000202	暂不使用该错误码	—
LOS_ERRNO_TSK_PRIOR_ERROR	0x02000203	创建任务或者设置任务优先级时，传入的优先级参数不正确	检查任务优先级，必须在 [0, 31] 的范围内
LOS_ERRNO_TSK_ENTRY_NULL	0x02000204	创建任务时传入的任务入口函数为空指针	定义任务入口函数
LOS_ERRNO_TSK_NAME_EMPTY	0x02000205	创建任务时传入的任务名为空指针	设置任务名
LOS_ERRNO_TSK_STKSZ_TOO_SMALL	0x02000206	创建任务时传入的任务栈太小	增大任务的任务栈大小使之不小于系统设置的最小任务栈大小（配置项为 LOS_TASK_MIN_STACK_SIZE）
LOS_ERRNO_TSK_ID_INVALID	0x02000207	无效的任务 ID	检查任务 ID
LOS_ERRNO_TSK_ALREADY_SUSPENDED	0x02000208	挂起任务时，发现任务已经被挂起	等待该任务被恢复后，再去尝试挂起该任务
LOS_ERRNO_TSK_NOT_SUSPENDED	0x02000209	恢复任务时，发现任务未被挂起	挂起该任务后，再去尝试恢复该任务
LOS_ERRNO_TSK_NOT_CREATED	0x0200020a	任务未被创建	创建该任务，这个错误可能会发生在以下操作中： • 删除任务 • 恢复 / 挂起任务 • 设置指定任务的优先级 • 获取指定任务的信息 • 设置指定任务的运行 CPU 集合

（续）

定义	实际数值	描述	解决方案
LOS_ERRNO_TSK_DELETE_LOCKED	0x0300020b	删除任务时，任务处于锁定状态	解锁任务之后再删除任务
LOS_ERRNO_TSK_MSG_NONZERO	0x0200020c	暂不使用该错误码	—
LOS_ERRNO_TSK_DELAY_IN_INT	0x0300020d	中断期间，进行任务延时	等待退出中断后再进行延时操作
LOS_ERRNO_TSK_DELAY_IN_LOCK	0x0300020e	在任务锁定状态下，延时该任务	解锁任务之后再延时任务
LOS_ERRNO_TSK_YIELD_IN_LOCK	0x0300020f	在任务锁定状态下，进行 Yield 操作	任务解锁后再进行 Yield 操作
LOS_ERRNO_TSK_YIELD_NOT_ENOUGH_TASK	0x02000210	执行 Yield 操作时，发现具有相同优先级的就绪任务队列中没有其他任务	增加与当前任务具有相同优先级的任务数
LOS_ERRNO_TSK_TCB_UNAVAILABLE	0x02000211	创建任务时，发现没有空闲的任务控制块可以使用	调用 LOS_TaskResRecycle 接口回收空闲的任务控制块，如果回收后依然创建失败，再增加系统的任务控制块数量
LOS_ERRNO_TSK_HOOK_NOT_MATCH	0x02000212	暂不使用该错误码	—
LOS_ERRNO_TSK_HOOK_IS_FULL	0x02000213	暂不使用该错误码	—
LOS_ERRNO_TSK_OPERATE_SYSTEM_TASK	0x02000214	不允许删除、挂起、延时系统级别的任务，例如 idle 任务、软件定时器任务，也不允许修改系统级别的任务优先级	检查任务 ID，不要操作系统任务
LOS_ERRNO_TSK_SUSPEND_LOCKED	0x02000215	不允许将处于锁定状态的任务挂起	任务解锁后，再尝试挂起任务
LOS_ERRNO_TSK_FREE_STACK_FAILED	0x02000217	暂不使用该错误码	—
LOS_ERRNO_TSK_STKAREA_TOO_SMALL	0x02000218	暂不使用该错误码	—
LOS_ERRNO_TSK_ACTIVE_FAILED	0x02000219	暂不使用该错误码	—
LOS_ERRNO_TSK_CONFIG_TOO_MANY	0x0200021a	暂不使用该错误码	—
LOS_ERRNO_TSK_CP_SAVE_AREA_NOT_ALIGN	0x0200021b	暂不使用该错误码	—
LOS_ERRNO_TSK_MSG_Q_TOO_MANY	0x0200021d	暂不使用该错误码	—
LOS_ERRNO_TSK_CP_SAVE_AREA_NULL	0x0200021e	暂不使用该错误码	—

（续）

定义	实际数值	描述	解决方案
LOS_ERRNO_TSK_SELF_DELETE_ERR	0x0200021f	暂不使用该错误码	—
LOS_ERRNO_TSK_STKSZ_TOO_LARGE	0x02000220	创建任务时，设置了过大的任务栈	减小任务栈大小
LOS_ERRNO_TSK_SUSPEND_SWTMR_NOT_ALLOWED	0x02000221	暂不使用该错误码	—
LOS_ERRNO_TSK_CPU_AFFINITY_MASK_ERR	0x02000223	设置指定任务的运行 CPU 集合时，传入了错误的 CPU 集合	检查传入的 CPU 掩码
LOS_ERRNO_TSK_YIELD_IN_INT	0x02000224	不允许在中断中对任务进行 Yield 操作	不要在中断中进行 Yield 操作
LOS_ERRNO_TSK_MP_SYNC_RESOURCE	0x02000225	跨核任务删除同步功能，资源申请失败	通过设置更大的 LOSCFG_BASE_IPC_SEM_LIMIT 值，增加系统支持的信号量个数
LOS_ERRNO_TSK_MP_SYNC_FAILED	0x02000226	跨核任务删除同步功能，任务未及时删除	需要检查目标删除任务是否存在频繁的状态切换，导致系统无法在规定的时间内完成删除的动作

5. 开发流程

下面以创建任务为例，介绍开发流程。

1）执行 make menuconfig 命令，进入 Kernel → Basic Config → Task 菜单，完成任务模块的配置，如表 3.4 所示。

表 3.4　任务模块配置

配置项	含义	取值范围	默认值	依赖
LOSCFG_BASE_CORE_TSK_LIMIT	系统支持的最大任务数	[0, OS_SYS_MEM_SIZE)	不同平台默认值不一样	无
LOSCFG_BASE_CORE_TSK_MIN_STACK_SIZE	最小任务栈大小，一般使用默认值即可	[0, OS_SYS_MEM_SIZE)	不同平台默认值不一样	无
LOSCFG_BASE_CORE_TSK_DEFAULT_STACK_SIZE	默认任务栈大小	[0, OS_SYS_MEM_SIZE)	不同平台默认值不一样	无
LOSCFG_BASE_CORE_TSK_IDLE_STACK_SIZE	IDLE 任务栈大小，一般使用默认值即可	[0, OS_SYS_MEM_SIZE)	不同平台默认值不一样	无
LOSCFG_BASE_CORE_TSK_DEFAULT_PRIO	默认任务优先级，一般使用默认配置即可	[0,31]	10	无
LOSCFG_BASE_CORE_TIMESLICE	任务时间片调度开关	YES/NO	YES	无
LOSCFG_BASE_CORE_TIMESLICE_TIMEOUT	同优先级任务最长执行时间（单位为 Tick）	[0, 65535]	不同平台默认值不一样	无

（续）

配置项	含义	取值范围	默认值	依赖
LOSCFG_OBSOLETE_ API	使能后，任务参数使用旧方式 UINTPTR auwArgs[4]，否则使用新的任务参数 VOID *pArgs。建议关闭此开关，使用新的任务参数	YES/NO	不同平台默认值不一样	无
LOSCFG_LAZY_STACK	使能惰性压栈功能	YES/NO	YES	M 核
LOSCFG_BASE_CORE_ TSK_MONITOR	任务栈溢出检查和轨迹开关	YES/NO	YES	无
LOSCFG_TASK_STATIC_ ALLOCATION	支持创建任务时由用户传入任务栈	YES/NO	NO	无

2）锁任务调度（LOS_TaskLock），防止高优先级任务调度。

3）创建任务（LOS_TaskCreate）或静态创建任务（LOS_TaskCreateStatic），需要打开 LOSCFG_TASK_STATIC_ALLOCATION 宏。

4）解锁任务（LOS_TaskUnlock），让任务按照优先级进行调度。

5）延时任务（LOS_TaskDelay），任务延时等待。

6）挂起指定的任务（LOS_TaskSuspend），任务挂起等待恢复操作。

7）恢复挂起的任务（LOS_TaskResume）。

3.2.3　注意事项

任务管理有以下注意事项。

- 执行 Idle 任务时，会对之前已删除任务的任务控制块和任务栈进行回收。
- 任务名是指针的，并不分配空间，在设置任务名时，禁止将局部变量的地址赋值给任务名指针。
- 任务栈的大小按 16 字节或者 sizeof(UINTPTR) × 2 对齐。确定任务栈大小的原则是够用即可，任务栈太大会造成浪费，太小则会导致任务栈溢出。
- 挂起当前任务时，如果任务已经被锁定，则无法挂起该任务。
- Idle 任务及软件定时器任务不能被挂起或者删除。
- 在中断处理函数中或在锁任务的情况下，执行 LOS_TaskDelay 会失败。
- 锁任务调度时，并不关中断，因此任务仍可被中断打断。
- 锁任务调度必须和解锁任务调度配合使用。
- 设置任务优先级时可能会发生任务调度。
- 可配置的系统最大任务数是指整个系统的任务总个数，而非用户能使用的任务个数。

系统软件定时器多占用一个任务资源，那么用户能使用的任务资源就会减少一个。

- LOS_CurTaskPriSet 和 LOS_TaskPriSet 接口不能在中断中使用，也不能用于修改软件定时器任务的优先级。
- LOS_TaskPriGet 接口传入的任务 ID 对应的任务未创建或者超过最大任务数，统一返回 0xffff。
- 在删除任务时要保证任务申请的资源（如互斥锁、信号量等）已被释放。
- 在多核模式下，锁任务调度只能锁住当前核的调度器，其他核仍然能正常调度。
- 在多核模式下，由于跨核间任务的删除或挂起是异步执行的，因此操作的返回值并不代表最终操作的结果，仅代表上述请求已经发出。执行完成会存在延时，即请求发起之后经过一定时间才会执行完成，并返回最终结果。
- 在多核模式下，如果开启任务跨核删除同步的功能（LOSCFG_KERNEL_SMP_TASK_SYNC 选项），则跨核删除任务时，需要等待目标任务删除后才会返回结果，如果在设定的时间内未成功地将任务删除，则会返回 LOS_ERRNO_TSK_MP_SYNC_FAILED 错误。开启该功能后，每个任务会增加一个信号量的开销。

3.2.4　编程实例

1. 实例描述

本实例介绍基本的任务操作方法，包含两个不同优先级任务的任务创建、任务延时、任务锁与解锁调度、任务挂起和恢复等操作，阐述任务优先级调度的机制以及各接口的应用，可在网上下载完整的实例代码[⊖]。

2. 编程示例

首先在 menuconfig 菜单中完成任务模块的配置。

```
UINT32 g_taskHiId;
UINT32 g_taskLoId;
#define TSK_PRIOR_HI 4
#define TSK_PRIOR_LO 5

UINT32 Example_TaskHi(VOID)
{
    UINT32 ret;

    printf("Enter TaskHi Handler.\r\n");

    /* 延时两个 Tick，延时后该任务会被挂起，执行剩余任务中最高优先级的任务 (g_taskLoId 任务)*/
```

⊖　代码链接为 https://support.huaweicloud.com/kernelmanual-LiteOS/zh-cn_topic_0311018323.html。

```
    ret = LOS_TaskDelay(2);
    if (ret != LOS_OK) {
        printf("Delay Task Failed.\r\n");
        return LOS_NOK;
    }

    /* 两个 Tick 时间到了后，该任务被恢复，继续执行 */
    printf("TaskHi LOS_TaskDelay Done.\r\n");

    /* 挂起自身任务 */
    ret = LOS_TaskSuspend(g_taskHiId);
    if (ret != LOS_OK) {
        printf("Suspend TaskHi Failed.\r\n");
        return LOS_NOK;
    }
    printf("TaskHi LOS_TaskResume Success.\r\n");

    return ret;
}

/* 低优先级任务入口函数 */
UINT32 Example_TaskLo(VOID)
{
    UINT32 ret;

    printf("Enter TaskLo Handler.\r\n");

    /* 延时两个 Tick，延时后该任务会被挂起，执行剩余任务中最高优先级的任务（背景任务） */
    ret = LOS_TaskDelay(2);
    if (ret != LOS_OK) {
        printf("Delay TaskLo Failed.\r\n");
        return LOS_NOK;
    }

    printf("TaskHi LOS_TaskSuspend Success.\r\n");

    /* 恢复被挂起的任务 g_taskHiId */
    ret = LOS_TaskResume(g_taskHiId);
    if (ret != LOS_OK) {
        printf("Resume TaskHi Failed.\r\n");
        return LOS_NOK;
    }

    printf("TaskHi LOS_TaskDelete Success.\r\n");

    return ret;
}

/* 任务测试入口函数，创建两个不同优先级的任务 */
UINT32 Example_TskCaseEntry(VOID)
{
```

```
UINT32 ret;
TSK_INIT_PARAM_S initParam;

/* 锁任务调度，防止新创建的任务的优先级比本任务的高而发生调度 */
LOS_TaskLock();

printf("LOS_TaskLock() Success!\r\n");

initParam.pfnTaskEntry = (TSK_ENTRY_FUNC)Example_TaskHi;
initParam.usTaskPrio = TSK_PRIOR_HI;
initParam.pcName = "TaskHi";
initParam.uwStackSize = LOSCFG_TASK_MIN_STACK_SIZE;
initParam.uwResved = LOS_TASK_STATUS_DETACHED;
/* 创建高优先级任务，由于锁任务调度，任务创建成功后不会马上执行 */
ret = LOS_TaskCreate(&g_taskHiId, &initParam);
if (ret != LOS_OK) {
    LOS_TaskUnlock();

    printf("Example_TaskHi create Failed!\r\n");
    return LOS_NOK;
}

printf("Example_TaskHi create Success!\r\n");

initParam.pfnTaskEntry = (TSK_ENTRY_FUNC)Example_TaskLo;
initParam.usTaskPrio = TSK_PRIOR_LO;
initParam.pcName = "TaskLo";
initParam.uwStackSize = LOSCFG_TASK_MIN_STACK_SIZE;
initParam.uwResved = LOS_TASK_STATUS_DETACHED;

/* 创建低优先级任务，由于锁任务调度，任务创建成功后不会马上执行 */
ret = LOS_TaskCreate(&g_taskLoId, &initParam);
if (ret != LOS_OK) {
    LOS_TaskUnlock();

    printf("Example_TaskLo create Failed!\r\n");
    return LOS_NOK;
}

printf("Example_TaskLo create Success!\r\n");

/* 解锁任务调度，此时会发生任务调度，执行就绪队列中优先级最高的任务 */
LOS_TaskUnlock();

return LOS_OK;
}
```

3. 结果验证

编译运行得到的结果如图 3.4 所示。

```
LOS_TaskLock() Success!
Example_TaskHi create Success!
Example_TaskLo create Success!
Enter TaskHi Handler.
Enter TaskLo Handler.
TaskHi LOS_TaskDelay Done.
TaskHi LOS_TaskSuspend Success.
TaskHi LOS_TaskResume Success.
TaskHi LOS_TaskDelete Success.
```

图 3.4　编译运行的结果

3.2.5　编程实例（SMP）

1. 实例描述

本实例介绍基本的任务操作方法，包含任务创建、任务延时、任务锁与解锁调度、挂起和恢复等操作，阐述任务优先级调度的机制以及各接口的应用。

- 创建了两个任务：TaskHi 和 TaskLo。
- TaskHi 为高优先级任务，绑定在当前测试任务的 CPU 上。
- TaskLo 为低优先级任务，不设置亲和性，即不绑核。

2. 编程示例

首先在 menuconfig 菜单中完成任务模块的配置和 SMP 模式使能，完整示例代码的链接为：https://support.huaweicloud.com/kernelmanual-LiteOS/resource/sample_task_smp.c。

```
UINT32 g_taskLoId;
UINT32 g_taskHiId;
#define TSK_PRIOR_HI 4
#define TSK_PRIOR_LO 5

UINT32 Example_TaskHi(VOID)
{
    UINT32 ret;

    printf("[cpu%d] Enter TaskHi Handler.\r\n", ArchCurrCpuid());

    /* 延时两个 Tick，延时后该任务会被挂起，执行剩余任务中优先级最高的任务 (g_taskLoId 任务)*/
    ret = LOS_TaskDelay(2);
    if (ret != LOS_OK) {
        printf("Delay Task Failed.\r\n");
        return LOS_NOK;
    }

    /* 两个 Tick 后，该任务被恢复，继续执行 */
```

```
    printf("TaskHi LOS_TaskDelay Done.\r\n");

    /* 挂起自身任务 */
    ret = LOS_TaskSuspend(g_taskHiId);
    if (ret != LOS_OK) {
        printf("Suspend TaskHi Failed.\r\n");
        return LOS_NOK;
    }
    printf("TaskHi LOS_TaskResume Success.\r\n");
    return ret;
}

/* 低优先级任务入口函数 */
UINT32 Example_TaskLo(VOID)
{
    UINT32 ret;

    printf("[cpu%d] Enter TaskLo Handler.\r\n", ArchCurrCpuid());

    /* 延时两个 Tick，延时后该任务会被挂起，执行剩余任务中优先级最高的任务（背景任务）*/
    ret = LOS_TaskDelay(2);
    if (ret != LOS_OK) {
        printf("Delay TaskLo Failed.\r\n");
        return LOS_NOK;
    }

    printf("TaskHi LOS_TaskDelete Success.\r\n");
    return ret;
}

/* 任务测试入口函数，创建两个不同优先级的任务 */
UINT32 Example_TskCaseEntry(VOID)
{
    UINT32 ret;
    TSK_INIT_PARAM_S initParam = {0};

    /* 锁任务调度 */
    LOS_TaskLock();

    printf("LOS_TaskLock() Success on cpu%d!\r\n", ArchCurrCpuid());

    initParam.pfnTaskEntry = (TSK_ENTRY_FUNC)Example_TaskHi;
    initParam.usTaskPrio = TSK_PRIOR_HI;
    initParam.pcName = "TaskHi";
    initParam.uwStackSize = LOSCFG_TASK_MIN_STACK_SIZE;
    initParam.uwResved = LOS_TASK_STATUS_DETACHED;
#ifdef LOSCFG_KERNEL_SMP
    /* 绑定高优先级任务到 CPU1 运行 */
    initParam.usCpuAffiMask = CPUID_TO_AFFI_MASK(ArchCurrCpuid());
#endif
    /* 创建高优先级任务，由于 CPU1 的调度器被锁，任务创建成功后不会马上执行 */
```

```
    ret = LOS_TaskCreate(&g_taskHiId, &initParam);
    if (ret != LOS_OK) {
        LOS_TaskUnlock();

        printf("Example_TaskHi create Failed!\r\n");
        return LOS_NOK;
    }

    printf("Example_TaskHi create Success!\r\n");

    initParam.pfnTaskEntry = (TSK_ENTRY_FUNC)Example_TaskLo;
    initParam.usTaskPrio = TSK_PRIOR_LO;
    initParam.pcName = "TaskLo";
    initParam.uwStackSize = LOSCFG_TASK_MIN_STACK_SIZE;
    initParam.uwResved = LOS_TASK_STATUS_DETACHED;
#ifdef LOSCFG_KERNEL_SMP
    /* 低优先级任务不设置 CPU 亲和性 */
    initParam.usCpuAffiMask = 0;
#endif
    /* 创建低优先级任务 */
    /* 尽管锁任务调度, 但由于该任务没绑定该处理器, 任务创建成功后可以马上在其他 CPU 上执行 */
    ret = LOS_TaskCreate(&g_taskLoId, &initParam);
    if (ret != LOS_OK) {
        LOS_TaskUnlock();

        printf("Example_TaskLo create Failed!\r\n");
        return LOS_NOK;
    }

    printf("Example_TaskLo create Success!\r\n");

    /* 解锁任务调度, 此时会发生任务调度, 执行就绪列表中优先级最高的任务 */
    LOS_TaskUnlock();

    return LOS_OK;
}
```

3. 结果验证

编译运行得到的结果如图 3.5 所示。

```
LOS_TaskLock() success on cpu1!
Example_TaskHi create Success!
Example_TaskLo create Success!
[cpu2] Enter TaskLo Handler.
[cpu1] Enter TaskHi Handler.
TaskHi LOS_TaskDelete Success.
TaskHi LOS_TaskDelay Done.
```

图 3.5　编译运行的结果（SMP）

3.3　内存

3.3.1　概述

1. 基本概念

内存管理模块管理系统的内存资源，是操作系统的核心模块之一，主要包括内存的初始化、分配和释放。在系统运行过程中，内存管理模块通过对内存的申请 / 释放来管理用户和 OS 对内存的使用，使内存的利用率和使用效率达到最优，同时最大限度地解决系统的内存碎片问题。Huawei LiteOS 的内存管理分为静态内存管理和动态内存管理，提供内存的初始化、分配、释放等功能。

动态内存的分配是指在动态内存池中分配用户指定大小的内存块。动态内存可以做到按需分配，但是可能会导致内存池中出现碎片。

静态内存的分配是指在静态内存池中分配用户初始化时预设（固定）大小的内存块。相比于动态内存而言，静态内存的分配和释放效率较高，并且静态内存池中无碎片。但是静态内存只能申请到初始化预设大小的内存块，不能按需申请。

2. 动态内存的运作机制

动态内存管理，即在内存资源充足的情况下，根据用户需求从系统配置的一块比较大的连续内存（内存池，也是堆内存）中分配任意大小的内存块。当用户不需要该内存块时，又可以将其释放回系统供下一次使用。与静态内存相比，动态内存管理的优点是按需分配，缺点是内存池中容易出现碎片。LiteOS 动态内存支持 bestfit（也称为 dlink）和 bestfit_little 两种内存管理算法。

（1）bestfit 算法

bestfit 内存管理结构图如图 3.6 所示。第一部分是堆内存（内存池）的起始地址及堆区域总大小。第二部分，假设内存允许的最小节点占 2^{min} 字节，则数组的第一个双向链表存储的是所有 size 为 $2^{min}<size<2^{min+1}$ 的 free 节点，第二个双向链表存储的是所有 size 为 $2^{min+1}<size<2^{min+2}$ 的 free 节点，依次类推第 n 个双向链表存储的是所有 size 为 $2^{min+n-1}$

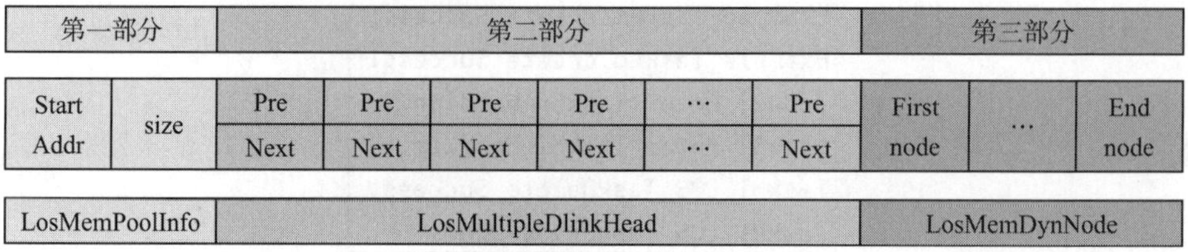

第一部分		第二部分						第三部分		
Start Addr	size	Pre	Pre	Pre	Pre	…	Pre	First node	…	End node
		Next	Next	Next	Next	…	Next			
LosMemPoolInfo		LosMultipleDlinkHead						LosMemDynNode		

图 3.6　bestfit 内存管理结构图

<size<2^{min+n} 的 free 节点。每次申请内存的时候，会从这个数组检索大小最合适的 free 节点以分配内存。每次释放内存时，会将该内存作为 free 节点存储至这个数组以便下次再使用。第三部分占用内存池极大部分的空间，是用于存放各节点的实际区域。以下代码是 LosMemDynNode 节点结构体的声明，结构体介绍和对齐方式申请内存结果示意图如图 3.7 和图 3.8 所示。

```
typedef struct {
    union {
        LOS_DL_LIST freeNodeInfo;          /* Free memory node */
        struct {
            UINT32 magic;
            UINT32 taskId   : 16;
        };
    };
    struct tagLosMemDynNode *preNode;
    UINT32 sizeAndFlag;
} LosMemCtlNode;

typedef struct tagLosMemDynNode {
    LosMemCtlNode selfNode;
} LosMemDynNode;
```

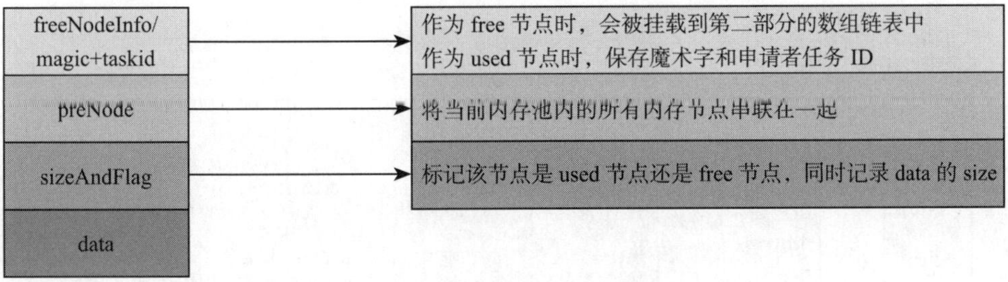

图 3.7　LosMemDynNode 结构体介绍

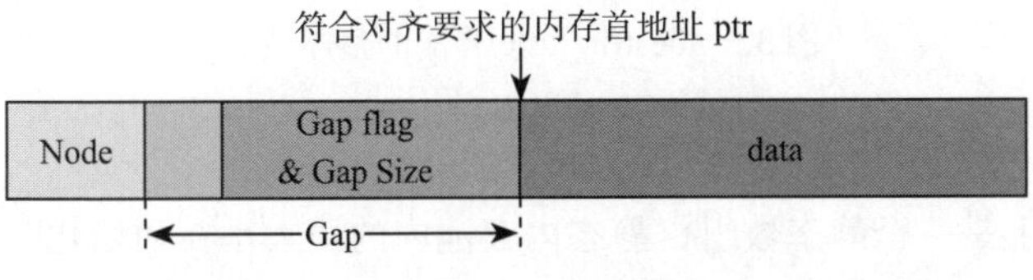

图 3.8　对齐方式申请内存结果示意图

当申请到的节点包含的数据空间首地址不符合对齐要求时需要进行对齐，通过增加 Gap 域确保返回的指针符合对齐要求。

（2）bestfit_little 算法

bestfit_little 算法是在最佳适配算法的基础上加入 slab 机制形成的算法。最佳适配算法使每次分配内存时，都会选择内存池中最小最适合的内存块进行分配，而 slab 机制可以用于分配固定大小的内存块，从而减小产生内存碎片的可能性。bestfit_little 算法的整体结构如图 3.9 所示。

Huawei LiteOS 内存管理中的 slab 机制支持配置 slab class 数目及每个 class 的最大空间。现以内存池中共有 4 个 slab class、每个 slab class 的最大空间为 512 字节为例说明 slab 机制。这 4 个 slab class 是从内存池中按照最佳适配算法分配出来的。第一个 slab class 被分为 32 个 16 字节的 slab 块，第二个 slab class 被分为 16 个 32 字节的 slab 块，第三个 slab class 被分为 8 个 64 字节的 slab 块，第四个 slab class 被分为 4 个 128 字节的 slab 块。

初始化内存模块时，首先初始化内存池，然后在初始化后的内存池中按照最佳适配算法申请 4 个 slab class，再逐个按照 slab 内存管理机制初始化 4 个 slab class。

每次申请内存时，先在满足申请大小的最佳 slab class 中申请（比如用户申请 20 字节的内存，就在 slab 块大小为 32 字节的 slab class 中申请），如果申请成功，就将 slab 内存块整块返回给用户，释放时回收整块内存块。需要注意的是，如果满足条件的 slab class 中已无可以分配的内存块，则从内存池中按照最佳适配算法申请，而不会继续从有着更大 slab 块空间的 slab class 中申请。释放内存时，先检查释放的内存块是否属于 slab class，如果是则将其还回对应的 slab class 中，否则将其还回内存池中。

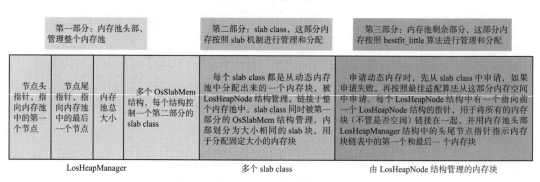

图 3.9　bestfit_little 算法的整体结构

3. 静态内存的运作机制

静态内存实质上是一个静态数组，静态内存池内的块大小在初始化时设定，初始化后块大小不可变更。静态内存池由一个控制块和若干相同大小的内存块构成。控制块位于内存池头部，用于管理内存块。内存块的申请和释放以块大小为粒度，静态内存示意图如图 3.10 所示。

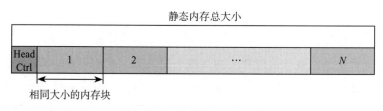

图 3.10　静态内存示意图

3.3.2　动态内存

1. 开发指导

（1）使用场景

动态内存管理的主要工作是动态分配并管理用户申请到的内存区间。动态内存管理主要用于用户需要使用大小不等的内存块的场景。当用户需要使用内存时，可以通过操作系统的动态内存申请函数获取指定大小的内存块，一旦内存使用完毕，就通过动态内存释放函数归还所占用内存，使之可以重复使用。

（2）功能

Huawei LiteOS 系统中的动态内存管理模块为用户提供下面几种功能（如表 3.5 所示），接口详细信息可以查看 API 参考。

表 3.5　动态内存管理模块提供的功能

功能分类	接口名	描述
初始化和删除内存池	LOS_MemInit	初始化一块指定的动态内存池，大小为 size
	LOS_MemInit	删除指定内存池，仅打开 LOSCFG_MEM_MUL_POOL 时有效
申请、释放动态内存	LOS_MemAlloc	从指定动态内存池中申请 size 长度的内存
	LOS_MemFree	释放已申请的内存
	LOS_MemRealloc	按 size 大小重新分配内存块，并将原内存块中的内容复制到新内存块。如果新内存块申请成功，则释放原内存块
	LOS_MemAllocAlign	从指定动态内存池中申请长度为 size 且地址按 boundary 字节对齐的内存
获取内存池信息	LOS_MemPoolSizeGet	获取指定动态内存池的总大小
	LOS_MemTotalUsedGet	获取指定动态内存池的总使用量大小
	LOS_MemInfoGet	获取指定内存池的内存结构信息，包括空闲内存大小、已使用内存大小、空闲内存块数量、已使用的内存块数量、最大的空闲内存块大小
	LOS_MemPoolList	打印系统中已初始化的所有内存池，包括内存池的起始地址、内存池大小、空闲内存总大小、已使用内存总大小、最大的空闲内存块大小、空闲内存块数量、已使用的内存块数量。仅打开 LOSCFG_MEM_MUL_POOL 时有效
获取内存块信息	LOS_MemFreeBlksGet	获取指定内存池的空闲内存块数量
	LOS_MemUsedBlksGet	获取指定内存池已使用的内存块数量
	LOS_MemTaskIdGet	获取申请了指定内存块的任务 ID
	LOS_MemLastUsedGet	获取内存池最后一个已使用内存块的结束地址
	LOS_MemNodeSizeCheck	获取指定内存块的总大小和可用大小，仅打开 LOSCFG_BASE_MEM_NODE_SIZE_CHECK 时有效
	LOS_MemFreeNodeShow	打印指定内存池的空闲内存块的大小及数量

（续）

功能分类	接口名	描述
检查指定内存池的完整性	LOS_MemIntegrityCheck	对指定内存池做完整性检查，仅打开 LOSCFG_BASE_MEM_ NODE_INTEGRITY_CHECK 时有效
设置、获取内存检查级别，仅打开 LOSCFG_ BASE_MEM_NODE_ SIZE_CHECK 时有效	LOS_MemCheckLevelSet	设置内存检查级别
	LOS_MemCheckLevelGet	获取内存检查级别
为指定模块申请、释放动态内存，仅打开 LOSCFG_MEM_MUL_ MODULE 时有效	LOS_MemMalloc	从指定动态内存池中分配 size 长度的内存给指定模块，并纳入模块统计
	LOS_MemMfree	释放已经申请的内存块，并纳入模块统计
	LOS_MemMallocAlign	从指定动态内存池中申请长度为 size 且地址按 boundary 字节对齐的内存给指定模块，并纳入模块统计
	LOS_MemMrealloc	按 size 大小重新分配内存块给指定模块，并将原内存块内容复制到新内存块，同时纳入模块统计。如果新内存块申请成功，则释放原内存块
获取指定模块的内存使用量	LOS_MemMusedGet	获取指定模块的内存使用量，仅打开 LOSCFG_MEM_MUL_ MODULE 时有效

2. 开发流程

本节介绍使用动态内存的典型场景开发流程。

1）在 los_config.h 文件中配置项动态内存池起始地址与大小，如表 3.6 所示。

表 3.6　配置项和相关信息

配置项	含义	取值范围	默认值	依赖
OS_SYS_MEM_ADDR	系统动态内存起始地址	[0, n)	&m_aucSysMem1[0]，一般使用默认值即可	无
OS_SYS_MEM_SIZE	系统动态内存池的大小（DDR 自适应配置），以字节为单位	[0, n)	从 bss 段末尾至系统 DDR 末尾，一般使用默认值即可	无

2）执行 make menuconfig 命令，进入 Kernel → Memory Management 菜单，完成动态内存管理模块的配置。具体的配置项和相关信息如表 3.7 所示。

表 3.7　动态内存管理模块配置项和相关信息

配置项	含义	取值范围	默认值	依赖
LOSCFG_KERNEL_MEM_ BESTFIT	选择 bestfit 内存管理算法	YES/NO	YES	无
LOSCFG_KERNEL_MEM_ BESTFIT_LITTLE	选择 bestfit_little 内存管理算法	YES/NO	NO	无
LOSCFG_KERNEL_MEM_ SLAB_EXTENTION	使能 slab 功能，可以降低系统持续运行过程中内存碎片化的程度	YES/NO	NO	无

（续）

配置项	含义	取值范围	默认值	依赖
LOSCFG_KERNEL_MEM_ SLAB_AUTO_EXPANSION_ MODE	slab 自动扩展，当分配给 slab 的内存不足时，能够自 动从系统内存池中申请新 的空间进行扩展	YES/NO	NO	LOSCFG_KERNEL_MEM_ SLAB_EXTENTION
LOSCFG_MEM_TASK_STAT	使能任务内存统计	YES/NO	YES	LOSCFG_KERNEL_MEM_ BESTFIT 或 LOSCFG_KERNEL_ MEM_BESTFIT_LITTLE

3）初始化（LOS_MemInit）。初始化一个内存池后，如图 3.11 所示，生成一个 EndNode，并且剩余的内存全部被标记为 FreeNode 节点。其中 EndNode 作为内存池末尾的节点，size 为 0。

FreeNode	EndNode

图 3.11　初始化内存池

4）申请任意大小的动态内存（LOS_MemAlloc）。判断动态内存池中是否存在申请量大小的空间，若存在，则划出一块内存块，以指针形式返回，若不存在，则返回 NULL。

调用三次 LOS_MemAlloc 函数可以创建三个节点，假设三个节点分别为 UsedA、UsedB、UsedC，大小分别为 sizeA、sizeB、sizeC。因为刚初始化内存池的时候只有一个大的 FreeNode，所以这些内存块是从该 FreeNode 中切割出来的。

当内存池中存在多个 FreeNode 时进行 malloc，将会适配大小最合适的 FreeNode 用来新建内存块，减少内存碎片。若新建的内存块不等于被使用的 FreeNode 的大小，则在新建内存块后，多余的内存又会被标记为一个新的 FreeNode，如图 3.12 所示。

UsedA	UsedB	UsedC	FreeNode	EndNode

图 3.12　申请任意大小的动态内存

5）释放动态内存（LOS_MemFree）。回收内存块，供下一次使用。假设调用 LOS_MemFree 释放内存块 UsedB，则会回收内存块 UsedB，并且将其标记为 FreeNode。在回收内存块时，相邻的 FreeNode 会自动合并，如图 3.13 所示。

UsedA	FreeNode	UsedC	FreeNode	EndNode

图 3.13　释放动态内存

3. 注意事项

动态内存管理有以下注意事项。

- 由于动态内存管理需要通过管理控制块数据结构来管理内存，这些数据结构会额外消耗内存，因此实际用户可使用的内存总量小于配置项 OS_SYS_MEM_SIZE 的大小。

- 对齐分配内存接口 LOS_MemAllocAlign/LOS_MemMallocAlign 因为要进行地址对齐，可能会额外消耗部分内存，故存在一些遗失内存，当系统释放该对齐内存时，同时回收由对齐导致的遗失内存。

- 重新分配内存接口 LOS_MemRealloc/LOS_MemMrealloc 如果分配成功，系统会自己判定是否需要释放原来申请的内存，并返回重新分配的内存地址。如果重新分配失败，原来的内存保持不变，并返回 NULL。禁止使用 pPtr = LOS_MemRealloc(pool, pPtr, uwSize)，即不能使用原来的旧内存地址 pPtr 变量来接收返回值。

- 对同一块内存多次调用 LOS_MemFree/LOS_MemMfree 时，第一次会返回成功，但对同一块内存多次重复释放会导致非法指针操作，结果不可预知。

- 由于动态内存管理的内存节点控制块结构体 LosMemDynNode 中，成员 sizeAndFlag 的数据类型为 UINT32，高两位为标志位，余下的 30 位表示内存节点的大小，因此用户初始化内存池的大小不能超过 1GB，否则会出现不可预知的结果。

4. 编程实例

（1）实例描述

首先在 menuconfig 菜单中完成动态内存的配置。本实例执行以下步骤：初始化一个动态内存池，从动态内存池中申请一个内存块，在内存块中存放一个数据，打印出内存块中的数据，最后释放内存块。

（2）编程示例

部分代码如下，可从网上下载完整的代码[⊖]。

```
#define TEST_POOL_SIZE (2*1024*1024)
UINT8 g_testPool[TEST_POOL_SIZE];

VOID Example_DynMem(VOID)
{
    UINT32 *mem = NULL;
    UINT32 ret;

    ret = LOS_MemInit(g_testPool, TEST_POOL_SIZE);
    if (LOS_OK  == ret) {
        dprintf("内存池初始化成功！\n");
    } else {
        dprintf("内存池初始化失败！\n");
        return;
    }
```

⊖ 代码链接为 https://support.huaweicloud.com/kernelmanual-LiteOS/resource/sample_mem.c。

```
/* 分配内存 */
mem = (UINT32 *)LOS_MemAlloc(g_testPool, 4);
if (NULL == mem) {
    dprintf("内存分配失败 !\n");
    return;
}
dprintf("内存分配成功 \n");

/* 赋值 */
*mem = 828;
dprintf("*mem = %d\n", *mem);

/* 释放内存 */
ret = LOS_MemFree(g_testPool, mem);
if (LOS_OK == ret) {
    dprintf("内存释放成功 !\n");
} else {
    dprintf("内存释放失败 !\n");
}

return;
}
```

（3）结果验证

输出结果如图 3.14 所示。

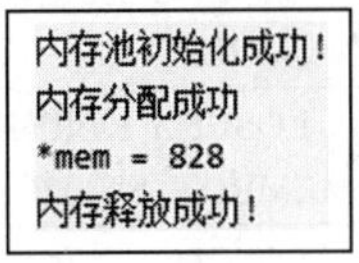

```
内存池初始化成功！
内存分配成功
*mem = 828
内存释放成功！
```

图 3.14　输出结果

3.3.3　静态内存

1. 开发指导

（1）使用场景

当用户需要使用固定长度的内存时，可以通过静态内存分配的方式获取内存，一旦内存使用完毕，就通过静态内存释放函数归还所占用内存，使之可以重复使用。

（2）功能

Huawei LiteOS 的静态内存管理模块主要为用户提供以下功能，如表 3.8 所示，接口详细信息可以查看 API 参考。

表 3.8　静态内存管理模块提供的功能

功能分类	接口名	描述
初始化静态内存池	LOS_MemboxInit	初始化一个静态内存池，根据入参设定其起始地址、总大小及每个内存块的大小
清除静态内存块内容	LOS_MemboxClr	清除指定静态内存块的内容
申请、释放静态内存	LOS_MemboxAlloc	从指定的静态内存池中申请一块静态内存块
	LOS_MemboxFree	释放指定的静态内存块

（续）

功能分类	接口名	描述
获取、打印静态内存池信息	LOS_MemboxStatisticsGet	获取指定静态内存池的信息，包括内存池中总内存块数量、已经分配出去的内存块数量、每个内存块的大小
	LOS_ShowBox	打印指定静态内存池中所有节点的信息（打印等级是 LOS_INFO_LEVEL），包括内存池起始地址、内存块大小、总内存块数量、每个空闲内存块的起始地址、所有内存块的起始地址

2. 开发流程

本节介绍使用静态内存的典型场景开发流程。

1）执行 make menuconfig 命令，进入 Kernel → Memory Management 菜单，完成静态内存管理模块的配置。具体配置项和相关信息如表 3.9 所示。

表 3.9　静态内存管理配置项和相关信息

配置项	含义	取值范围	默认值	依赖
LOSCFG_KERNEL_MEMBOX	使能 membox 内存管理	YES/NO	YES	无
LOSCFG_KERNEL_MEMBOX_STATIC	选择静态内存方式实现 membox	YES/NO	YES	LOSCFG_KERNEL_MEMBOX
LOSCFG_KERNEL_MEMBOX_DYNAMIC	选择动态内存方式实现 membox	YES/NO	NO	LOSCFG_KERNEL_MEMBOX

2）规划一片内存区域作为静态内存池。

3）调用 LOS_MemboxInit 初始化静态内存池。初始化时会将入参指定的内存区域分割为 N 块（N 值取决于静态内存总大小和块大小），将所有内存块挂到空闲链表，在内存起始处放置控制头。

4）调用 LOS_MemboxAlloc 接口分配静态内存。系统将会从空闲链表中获取第一个空闲块，并返回该内存块的起始地址。

5）调用 LOS_MemboxClr 接口，将入参地址对应的内存块清零。

6）调用 LOS_MemboxFree 接口，将该内存块加入空闲链表。

3. 注意事项

静态内存池区域如果是通过动态内存分配方式获得，在不需要静态内存池时，需要释放该段内存，以避免发生内存泄漏。

4. 编程实例

（1）实例描述

首先在 menuconfig 菜单中完成静态内存的配置。本实例执行以下步骤：初始化一个静态内存池，从静态内存池中申请一块静态内存，在内存块中存放一个数据，打印出内存块中的数据，清除内存块中的数据，释放该内存块。

（2）编程示例

部分代码如下，可以网上下载完整的代码[⊖]。

```
VOID Example_StaticMem(VOID)
{
    UINT32 *mem = NULL;
    UINT32 blkSize = 10;
    UINT32 boxSize = 100;
    UINT32 boxMem[1000];
    UINT32 ret;

    ret = LOS_MemboxInit(&boxMem[0], boxSize, blkSize);
    if(ret != LOS_OK) {
        printf("内存池初始化失败!\n");
        return;
    } else {
        printf("内存池初始化成功!\n");
    }

    /* 申请内存块 */
    mem = (UINT32 *)LOS_MemboxAlloc(boxMem);
    if (NULL == mem) {
        printf("内存分配失败!\n");
        return;
    }
    printf("内存分配成功\n");

    /* 赋值 */
    *mem = 828;
    printf("*mem = %d\n", *mem);

    /* 清除内存内容 */
    LOS_MemboxClr(boxMem, mem);
    printf("清除内存内容成功\n *mem = %d\n", *mem);

    /* 释放内存 */
    ret = LOS_MemboxFree(boxMem, mem);
    if (LOS_OK == ret) {
        printf("内存释放成功!\n");
    } else {
        printf("内存释放失败!\n");
    }

    return;
}
```

⊖　代码链接为 https://support.huaweicloud.com/kernelmanual-LiteOS/resource/sample_membox.c。

（3）结果验证

编译并运行，得到的结果为：

```
内存池初始化成功！
内存分配成功
*mem = 828
清除内存内容成功
*mem = 0
内存释放成功
```

3.4　中断

3.4.1　概述

1. 基本概念

中断是指必要时，CPU 暂停执行当前程序，转而执行新程序的过程。也就是说，在程序运行过程中出现了一个必须由 CPU 立即处理的事务，此时，CPU 暂时中止当前程序的执行转而处理该事务，这个过程就叫作中断。

外设可以在没有 CPU 介入的情况下完成一定的工作，但某些情况下也需要 CPU 为其进行处理。通过中断机制，在外设不需要介入时，CPU 可以执行其他任务，而当外设需要 CPU 时，将通过产生中断信号使 CPU 立即中断当前任务来响应中断请求。这样可以使 CPU 避免把大量时间耗费在等待、查询外设状态的操作上，可以大大提高系统实时性以及执行效率。

Huawei LiteOS 的中断有如下特性。

- 中断共享，且可配置。
- 中断嵌套，即高优先级的中断可抢占低优先级的中断，且可配置。
- 使用独立中断栈，可配置。
- 可配置支持的中断优先级个数。
- 可配置支持的中断数。

2. 与中断相关的硬件设计

可以将与中断相关的硬件划分为三类：设备、中断控制器、CPU 本身。设备是发起中断的源，当设备需要请求 CPU 时，产生一个中断信号，该信号连接至中断控制器。中断控制器一方面接收其他外设中断引脚的输入，另一方面发出中断信号给 CPU。可以通过对中断控制器编程来打开和关闭中断源、设置中断源的优先级和触发方式。常用的中断控制器有 VIC（Vector Interrupt Controller）和 GIC（General Interrupt Controller）。在 ARM

Cortex-M 系列中使用的中断控制器是 NVIC（Nested Vector Interrupt Controller）。在 ARM Cortex-A7 中使用的中断控制器是 GIC。CPU 会响应中断源的请求，中断当前正在执行的任务，转而执行中断处理程序。

3. 与中断相关的概念

下面介绍一些与中断相关的概念。

- 中断号：每个中断请求信号都会有的特定标志，使计算机能够判断是哪个设备提出的中断请求，这个标志就是中断号。
- 中断请求："紧急事件"需向 CPU 提出申请（发送一个电脉冲信号），要求中断，并要求 CPU 暂停当前执行的任务，转而处理该"紧急事件"，这一申请过程称为中断请求。
- 中断优先级：为使系统能够及时响应并处理所有中断，系统根据中断时间的重要性和紧迫程度，将中断源分为若干个级别，这些级别称作中断优先级。
- 中断处理程序：当外设产生中断请求后，CPU 暂停当前的任务，转而响应中断申请，即执行中断处理程序。产生中断的每个设备都有相应的中断处理程序。
- 中断嵌套：中断嵌套也称为中断抢占，是指正在执行一个中断处理程序时，如果有另一个优先级更高的中断源提出中断请求，则会暂时终止当前正在执行的优先级较低的中断源的中断处理程序，转而去处理更高优先级的中断请求，待处理完毕，再返回到之前被中断的处理程序中继续执行。
- 中断触发：中断源向中断控制器发送中断信号，中断控制器对该中断进行仲裁，确定优先级，将中断信号送给 CPU。当中断源产生中断信号时，会将中断触发器置"1"，表明该中断源产生了中断，要求 CPU 去响应该中断。
- 中断触发类型：通过一个物理信号将外部中断申请发送到 NVIC/GIC，可以是电平触发或边沿触发。
- 中断向量：中断服务程序的入口地址。
- 中断向量表：存储中断向量的存储区，中断向量与中断号对应，中断向量在中断向量表中按照中断号顺序存储。
- 中断共享：当外设较少时，可以实现一个外设对应一个中断号，但为了支持更多的硬件设备，可以让多个设备共享一个中断号，共享同一个中断号的中断处理程序形成一个链表。当外部设备发出中断申请时，系统会遍历中断号对应的中断处理程序链表，直到找到对应设备的中断处理程序。在遍历过程中，各个中断处理程序可以通过检测设备 ID，判断中断是否为该中断处理程序对应设备产生的中断。
- 核间中断：对于多核系统，中断控制器允许一个 CPU 的硬件线程去中断其他 CPU 的硬件线程，这种方式被称为核间中断。核间中断的实现基础是多 CPU 内存共享，采用核间中断可以减少某个 CPU 负荷过大的情况，有效提升系统效率。目前只有 GIC 中断控制器支持该功能。

4. 运作机制

（1）Huawei LiteOS 的中断机制支持中断共享

中断共享的实现依赖于链表，为每一个中断号创建一个链表，链表节点中包含注册的中断处理函数和函数入参。当对同一中断号多次创建中断时，将中断处理函数和函数入参添加到中断号对应的链表中，因此当硬件产生中断时，通过中断号查找到其对应的链表，遍历链表直到找到对应设备的中断处理函数。

（2）Huawei LiteOS 的中断嵌套

GIC 与 NVIC 的中断嵌套由硬件实现。RISC-V 的中断嵌套实现机制如下：中断嵌套下，中断 A 触发后会将当前的操作压栈，调用中断处理程序前，将 MIE 设置为 1，允许新的中断被响应；在 A 执行中断处理程序的过程中，如果有更高优先级的中断 B 被触发，B 会将当前的操作即中断 A 相关的操作压栈，然后执行 B 的中断处理程序；待 B 的中断处理程序执行完后，会暂时将 mstatus 寄存器中的 MIE 域置为 0，关闭中断响应，将中断 A 相关的操作出栈，将 MIE 设置为 1，允许处理器再次响应中断，中断 B 结束，继续执行中断 A。

3.4.2 开发指导

1. 使用场景

当有中断请求产生时，CPU 暂停当前的任务，转而去响应外设的中断请求。根据需要，用户通过中断申请注册中断处理程序，可以指定 CPU 响应中断请求时所执行的具体操作。

2. 功能

Huawei LiteOS 的中断模块为用户提供下面几种功能，接口详细信息可以查看 API 参考，如表 3.10 所示。

表 3.10　中断模块提供的功能

功能分类	接口名	描述
创建和删除中断	LOS_HwiCreate	创建中断，注册中断号、中断触发模式、中断优先级、中断处理程序。中断被触发时，handleIrq 会调用该中断处理程序
	LOS_HwiDelete	删除中断
打开和关闭所有中断	LOS_IntUnLock	打开当前处理器的所有中断响应
	LOS_IntLock	关闭当前处理器的所有中断响应
	LOS_IntRestore	恢复到使用 LOS_IntLock 关闭所有中断之前的状态

（续）

功能分类	接口名	描述
使能和屏蔽指定中断	LOS_HwiDisable	中断屏蔽（通过设置寄存器，禁止 CPU 响应该中断）
	LOS_HwiEnable	中断使能（通过设置寄存器，允许 CPU 响应该中断）
设置中断优先级	LOS_HwiSetPriority	设置中断优先级
触发中断	LOS_HwiTrigger	触发中断（通过写中断控制器的相关寄存器模拟外部中断）
清除中断寄存器状态	LOS_HwiClear	清除中断号对应的中断寄存器的状态位，此接口依赖中断控制器版本，非必需
核间中断	LOS_HwiSendIpi	向指定核发送核间中断，此接口依赖中断控制器版本和 CPU 架构，该函数仅在 SMP 模式下支持
设置中断亲和性	LOS_HwiSetAffinity	设置中断的亲和性，即设置中断在固定核响应（该函数仅在 SMP 模式下支持）

3. HWI 错误码

对存在失败可能性的操作返回对应的错误码，以便快速定位错误原因，如表 3.11 所示。

表 3.11 HWI 错误码

序号	定义	实际数值	描述	参考解决方案
1	OS_ERRNO_HWI_NUM_INVALID	0x02000900	创建或删除中断时，传入了无效中断号	检查中断号，给定有效中断号
2	OS_ERRNO_HWI_PROC_FUNC_NULL	0x02000901	创建中断时，传入的中断处理程序指针为空	传入非空中断处理程序指针
3	OS_ERRNO_HWI_CB_UNAVAILABLE	0x02000902	无可用中断资源	暂不使用该错误码
4	OS_ERRNO_HWI_NO_MEMORY	0x02000903	创建中断时，出现内存不足的情况	增大动态内存空间，有两种方式可以实现： • 设置更大的系统动态内存池，配置项为 OS_SYS_MEM_SIZE • 释放一部分动态内存
5	OS_ERRNO_HWI_ALREADY_CREATED	0x02000904	创建中断时，发现要注册的中断号已经被创建	对于非共享中断号的情况，检查传入的中断号是否已经被创建；对于共享中断号的情况，检查传入中断号的链表中是否已经有匹配函数参数的设备 ID
6	OS_ERRNO_HWI_PRIO_INVALID	0x02000905	创建中断时，传入的中断优先级无效	传入有效中断优先级。优先级有效范围依赖于硬件，外部可配
7	OS_ERRNO_HWI_MODE_INVALID	0x02000906	中断模式无效	传入有效中断模式 [0,1]
8	OS_ERRNO_HWI_FASTMODE_ALREADY_CREATED	0x02000907	创建硬中断时，发现要注册的中断号已经被创建为快速中断	暂不使用该错误码

（续）

序号	定义	实际数值	描述	参考解决方案
9	OS_ERRNO_HWI_INTERR	0x02000908	接口在中断中调用	暂不使用该错误码
10	OS_ERRNO_HWI_SHARED_ERROR	0x02000909	创建中断时发现：hwiMode 指定创建共享中断，但是未设置设备 ID；或 hwiMode 指定创建非共享中断，但是该中断号之前已被创建为共享中断；或配置 LOSCFG_NO_SHARED_IRQ 为 YES，但是创建中断时，入参指定创建共享中断 删除中断时：设备号创建时指定为共享中断，删除时未设置设备 ID，删除错误	检查入参，创建时参数 hwiMode 与 irqParam 保持一致。当 hwiMode 为 0 时表示不共享，此时 irqParam 应为 NULL；当 hwiMode 为 IRQF_SHARED 时表示共享，irqParam 需设置设备 ID；LOSCFG_NO_SHARED_IRQ 为 YES 时，即非共享中断模式下，只能创建非共享中断。删除中断时，irqParam 要与创建中断时的参数一样
11	OS_ERRNO_HWI_ARG_INVALID	0x0200090a	注册中断入参有误	暂不使用该错误码
12	OS_ERRNO_HWI_HWINUM_UNCREATE	0x0200090b	中断共享情况下，删除中断时，在中断号对应的链表中无法匹配到相应的设备 ID	对于共享中断号的情况，检查传入中断号的链表中是否已经有匹配函数参数的设备 ID

4. 开发流程

执行 make menuconfig 命令，进入 Kernel → Interrupt Management 菜单，完成中断模块的配置，如表 3.12 所示。调用中断创建接口 LOS_HwiCreate 创建中断；如果是 SMP 模式，调用 LOS_HwiSetAffinity 设置中断的亲和性，否则直接进入下一步的调用 LOS_HwiEnable 接口；调用 LOS_HwiEnable 接口使能指定中断；调用 LOS_HwiTrigger 接口触发指定中断（该接口通过写中断控制器的相关寄存器模拟外部中断，一般外部设备不需要执行这一步）；调用 LOS_HwiDisable 接口屏蔽指定中断，此接口根据实际情况使用，判断是否需要屏蔽中断；调用 LOS_HwiDelete 接口删除指定中断，此接口根据实际情况使用，判断是否需要删除中断。

表 3.12　中断模块配置项和相关信息

配置项	含义	取值范围	默认值	依赖
LOSCFG_ARCH_INTERRUPT_PREEMPTION	使能中断嵌套	YES/NO	NO	ARMv8、RISC-V
LOSCFG_IRQ_USE_STANDALONE_STACK	使用独立中断栈	YES/NO	YES	依赖核，某些平台可能没有此配置项
LOSCFG_SHARED_IRQ	使能中断共享	YES/NO	YES	无
LOSCFG_PLATFORM_HWI_LIMIT	最大中断使用数	根据芯片手册适配	根据芯片手册适配	无
LOSCFG_HWI_PRIO_LIMIT	可设置的中断优先级个数	根据芯片手册适配	根据芯片手册适配	无

3.4.3　注意事项

中断有以下注意事项。

- 根据具体的硬件，配置支持的最大中断数及可设置的中断优先级个数。
- 中断共享机制支持不同的设备使用相同的中断号注册同一中断处理程序，但中断处理程序的入参 pDevId（设备号）必须唯一，代表不同的设备。也就是说，同一中断号，同一设备只能挂载一次；但同一中断号、同一中断处理程序，设备不同则可以重复挂载。
- 中断处理程序耗时不能过长，否则会影响 CPU 对中断的及时响应。
- 中断响应过程中不能执行引起调度的函数。
- 中断恢复 LOS_IntRestore() 的入参必须是与之对应的 LOS_IntLock() 的返回值（即关中断之前的 CPSR 值）。
- Cortex-M 系列处理器中 0 ～ 15 中断为内部使用，Cortex-A7 中 0 ～ 31 中断为内部使用，因此不建议去申请和创建中断。

3.4.4　编程实例

1. 实例描述

先创建中断，设置中断亲和性，接下来使能中断、触发中断、屏蔽中断，最后删除中断。

2. 编程实例

部分代码如下，完整的代码链接为：https://support.huaweicloud.com/kernelmanual-LiteOS/resource/sample_hwi.c。

```c
#include "los_hwi.h"
#include "los_typedef.h"
#include "los_task.h"
STATIC VOID HwiUsrIrq(VOID)
{
    printf("\n in the func HwiUsrIrq \n");
}
/* cpu0 trigger, cpu0 response */
UINT32 It_Hwi_001(VOID)
{   UINT32 ret;
    UINT32 irqNum = 26; /* ppi */
    UINT32 irqPri = 0x3;
    // 创建中断
    ret = LOS_HwiCreate(irqNum, irqPri, 0, (HWI_PROC_FUNC)HwiUsrIrq, 0);
    if (ret != LOS_OK) {
        return LOS_NOK;
    }
```

```
#ifdef LOSCFG_KERNEL_SMP
    // 设置中断亲和性
    ret = LOS_HwiSetAffinity(irqNum, CPUID_TO_AFFI_MASK(ArchCurrCpuid()));
    if (ret != LOS_OK) {
        return LOS_NOK;
    }
#endif
    // 使能指定中断
    ret = LOS_HwiEnable(irqNum);
    if (ret != LOS_OK) {
        return LOS_NOK;
    }
    // 触发中断
    ret = LOS_HwiTrigger(irqNum);
    if (ret != LOS_OK) {
        return LOS_NOK;
    }
    LOS_TaskDelay(1);
    // 屏蔽指定中断
    ret = LOS_HwiDisable(irqNum);
    if (ret != LOS_OK) {
        return LOS_NOK;
    }
    // 删除中断
    ret = LOS_HwiDelete(irqNum, NULL);
    if (ret != LOS_OK) {
        return LOS_NOK;
    }

    return LOS_OK;
}
```

3.5　异常接管

3.5.1　概述

1. 基本概念

异常接管是操作系统对运行期间发生的异常情况（芯片硬件异常）进行处理的一系列动作，例如发生打印异常时当前函数的调用栈信息、CPU 现场信息、任务的堆栈情况等。

异常接管作为一种调测手段，可以在系统发生异常时给用户提供有用的异常信息，如异常类型、发生异常时的系统状态等，方便用户定位分析问题。

Huawei LiteOS 的异常接管，在系统发生异常时的处理动作为：显示异常发生时正在运行的任务信息（包括任务名、任务号、堆栈大小等），以及 CPU 现场等信息。针对某些 RISC-V

架构的芯片，对内存大小要求较高的场景，Huawei LiteOS 提供了极小特性宏 LOSCFG_
ARCH_EXC_SIMPLE_INFO（menuconfig 菜单项为 Kernel → Exception Management → Enable
Exception Simple Info），用于裁剪多余的异常提示字符串信息，但是仍然保留发生异常时
CPU 执行环境的所有信息。

2. 运作机制

每个函数都有自己的栈空间，称为栈帧。调用函数时，会创建子函数的栈帧，同时将
函数入参、局部变量、寄存器入栈。栈帧从高地址向低地址生长。以 ARM32 CPU 架构为
例，每个栈帧中都会保存 PC、LR、SP 和 FP 寄存器的历史值。

LR（Link Register），即链接寄存器，指向函数的返回地址；R11 寄存器是 ARM 架构中
的通用寄存器，也被称为 FP（Frame Pointer）寄存器。它通常用于保存函数的栈指针，即
指向当前函数的栈帧的地址，在开启特定编译选项时可以用作帧指针寄存器，用来实现栈
回溯功能。GNU 编译器（gcc）默认将 R11 作为存储变量的通用寄存器，因而默认情况下无
法使用帧指针寄存器的栈回溯功能。为支持调用栈解析功能，需要在编译参数中添加 -fno-
omit-frame-pointer 选项，提示编译器将 R11 作为帧指针寄存器使用；FP 寄存器，即帧指
针寄存器，指向当前函数的父函数的栈帧起始地址，利用该寄存器可以得到父函数的栈帧，
从栈帧中获取父函数的 FP，就可以得到祖父函数的栈帧，以此类推，可以追溯程序调用
栈，得到函数间的调用关系。

堆栈原理图如图 3.15 所示，实际的堆栈信息根据 CPU 架构的不同而有所差异，此处仅
为示意。

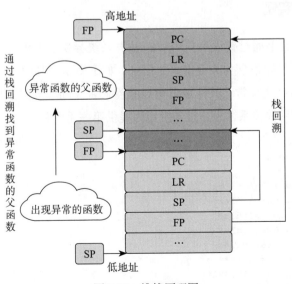

图 3.15　堆栈原理图

如图 3.15 所示，在函数调用过程中寄存器的保存。通过 FP 寄存器，栈回溯到异常函数的父函数，继续按照规律对栈进行解析，推出函数调用关系，方便用户定位问题。

3.5.2 使用指南

1. 功能

异常接管对系统运行期间发生的芯片硬件异常进行处理，不同芯片的异常类型存在差异，有关具体异常类型，可以查看芯片手册。

2. 定位流程

异常接管的定位步骤如下，3.5.4 节将结合具体问题讲解定位方法。

1）打开编译后生成的镜像反汇编（asm）文件。

2）搜索 PC 指针（指向当前正在执行的指令）在 asm 中的位置，找到发生异常的函数。

3）根据 LR 值查找异常函数的父函数。

4）重复步骤 3，得到函数间的调用关系，找到异常原因。

3.5.3 注意事项

要查看调用栈信息，必须添加编译选项宏 -fno-omit-frame-pointer 支持栈帧，否则编译时 FP 寄存器是关闭的。

3.5.4 问题定位实例

在某 ARM32 平台上通过错误释放内存，触发系统异常。系统异常被挂起后，能在串口中看到异常调用栈打印信息和关键寄存器信息，如下所示。其中 excType 表示异常类型，此处值为 4 表示数据终止异常，其他数值可以查看芯片手册。通过这些信息可以定位到异常所在的函数和其调用栈关系，为分析异常原因提供第一手资料。

```
excType: 4
taskName = MNT_send
taskId = 6
task stackSize = 12288
excBuffAddr pc = 0x8034d3cc
excBuffAddr lr = 0x8034d3cc
excBuffAddr sp = 0x809ca358
excBuffAddr fp = 0x809ca36c
*******backtrace begin*******
traceback 0 -- lr = 0x803482fc
traceback 0 -- fp = 0x809ca38c
```

```
traceback 1 -- lr = 0x80393e34
traceback 1 -- fp = 0x809ca3a4
traceback 2 -- lr = 0x8039e0d0
traceback 2 -- fp = 0x809ca3b4
traceback 3 -- lr = 0x80386bec
traceback 3 -- fp = 0x809ca424
traceback 4 -- lr = 0x800a6210
traceback 4 -- fp = 0x805da164
```

定位步骤如下。

1）打开编译后生成的 asm 反汇编文件（默认生成在 Huawei_LiteOS/out/<platform> 目录下，其中 platform 为具体的平台名）；

2）搜索 PC 指针 8034d3cc 在 asm 文件中的位置（去掉 0x），PC 地址指向发生异常时程序正在执行的指令。在当前执行二进制文件对应的 asm 文件中，查找 PC 数值 8034d3cc，找到当前 CPU 正在执行的指令行，得到如图 3.16 所示的结果。从图 3.16 中可以看到：异常时 CPU 正在执行的指令是 ldrh r2, [r4, #-4]；异常发生在函数 osSlabMemFree 中；同时结合 ldrh 指令分析，此指令是从内存的 (r4-4) 地址中读值，将其加载到寄存器 r2 中。再结合异常时打印的寄存器信息，查看此时 r4 的值。图 3.17 所示为异常时打印的寄存器信息，可以看到，r4 此时的值为 0xffffffff。

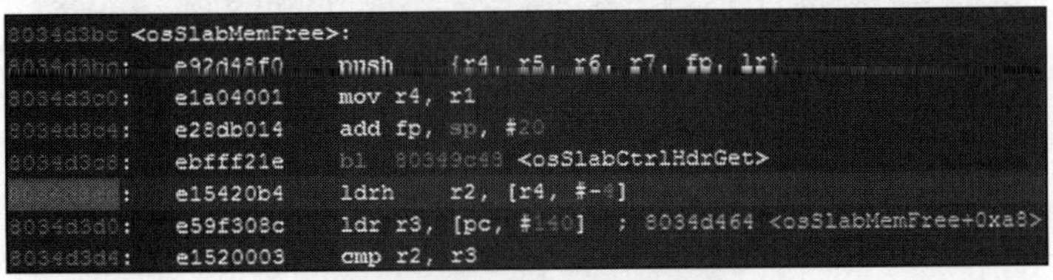

图 3.16　查找异常指令的 PC

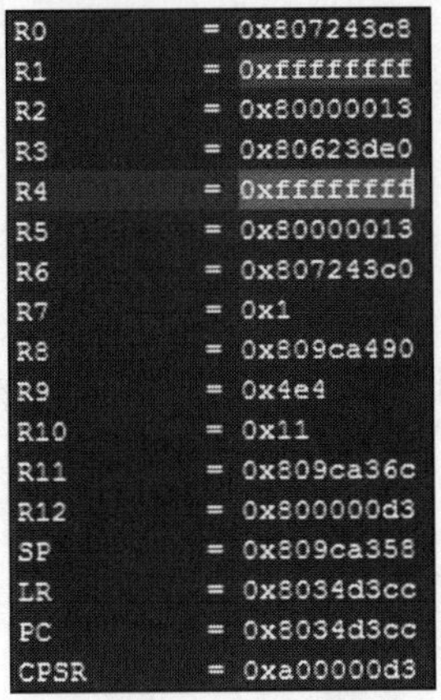

图 3.17　异常时打印的寄存器信息

显然，r4 的值超出了内存范围，故 CPU 执行到该指令时发生了数据终止异常。根据汇编知识，从 asm 文件可以看到，r4 是从 r1 移过来，而 r1 是函数第二个入参，于是可以确认，在调用 osSlabMemFree 时传入了 0xffffffff（或 −1）这样一个错误入参。接下来，需要查找是谁调用了 osSlabMemFree 函数。

根据链接寄存器值查找调用栈，从异常信息的“ backtrace begin”开始，打印的是调用栈信息。在 asm 文件中查找 backtrace 0 对应的 LR，如图 3.18 所示。可见是 LOS_MemFree 调用了 osSlabMemFree。依此方法，可得到异常时函数的调用关系：MNT_buf_send（业务函数）→ free → LOS_MemFree → osSlabMemFree。最终，通过排查业务中 MNT_buf_send 实现，发现其中存在错误使用指针的问题，导致释放了一个错误地址，引发上述异常。

```
803482c4 <LOS_MemFree>:
803482c4:   e92d4bf0    push    {r4, r5, r6, r7, r8, r9, fp, lr}
803482c8:   e28db01c    add fp, sp, #28
803482cc:   e10f5000    mrs r5, CPSR
803482d0:   e385c0c0    orr ip, r5, #192      ; 0xc0
803482d4:   e121f00c    msr CPSR_c, ip
803482d8:   e3510000    cmp r1, #0
803482dc:   13500000    cmpne   r0, #0
803482e0:   1a000002    bne 803482f0 <LOS_MemFree+0x2c>
803482e4:   e3a00001    mov r0, #1
803482e8:   e121f005    msr CPSR_c, r5
803482ec:   e8bd8bf0    pop {r4, r5, r6, r7, r8, r9, fp, pc}
803482f0:   e1a04001    mov r4, r1
803482f4:   e1a06000    mov r6, r0
803482f8:   eb00142f    bl  8034d3bc <osSlabMemFree>
803482fc:   e3500001    cmp r0, #1
80348300:   1afffff8    bne 803482e8 <LOS_MemFree+0x24>
```

图 3.18　查找调用栈

3.6　错误处理

3.6.1　概述

1. 基本概念

错误处理是指程序运行错误时，调用错误处理模块的接口函数，上报错误信息，并调用注册的钩子函数进行特定处理，保存现场以便定位问题的过程。通过错误处理，可以控制和提示程序中的非法输入，防止程序崩溃。

2. 运作机制

错误处理是一种机制，用于处理异常状况。当程序出现错误时，会显示相应的错误码。如果注册了相应的错误处理函数，则会执行该函数，图 3.19 展示了错误处理示意图。

图 3.19　错误处理示意图

3.6.2　开发指导

1. 错误码简介

调用 API 接口时可能会出现错误，此时接口会返回对应的错误码，以便快速定位错误原因。错误码是一个 32 位的无符号整型数，31 ～ 24 位表示错误等级，23 ～ 16 位表示错误码标志（当前该标志值为 0），15 ～ 8 位代表错误码所属模块，7 ～ 0 位表示错误码序号，表 3.13 展示了错误码所代表的错误等级。

表 3.13　错误码所代表的错误等级

错误等级	数值	含义
NORMAL	0	提示
WARN	1	告警
ERR	2	严重
FATAL	3	致命

例如，将任务模块中的错误码 LOS_ERRNO_TSK_NO_MEMORY 定义为 FATAL 级别的错误，模块 ID 为 LOS_MOD_TSK，错误码序号为 0，其定义如下：

```
#define LOS_ERRNO_TSK_NO_MEMORY  LOS_ERRNO_OS_FATAL(LOS_MOD_TSK, 0x00)
#define LOS_ERRNO_OS_FATAL(MID, ERRNO)  \
    (LOS_ERRTYPE_FATAL | LOS_ERRNO_OS_ID | ((UINT32)(MID) << 8) | ((UINT32)(ERRNO)))
```

2. 错误码接管

有时只靠错误码无法快速、准确地定位问题，为方便用户分析错误，错误处理模块支持注册错误处理的钩子函数，发生错误时，用户可以调用 LOS_ErrHandle 接口以执行错误处理函数。Huawei LiteOS 的错误处理模块为用户提供了几个接口，有关接口的详细信息，可以查看 API 参考，表 3.14 展示了错误处理 API。

表 3.14   错误处理 API

接口名	描述	参数	备注
LOS_RegErrHandle	注册错误处理钩子函数	func：错误处理钩子函数	—
LOS_ErrHandle	调用钩子函数，处理错误	fileName：存放错误日志的文件名	系统内部调用时，入参为 os_unspecific_file
		lineNo：发生错误的代码行号	系统内部调用若值为 0xa1b2c3f8，表示未传递行号
		errnoNo：错误码	—
		paraLen：入参 para 的长度	系统内部调用时，入参为 0
		para：错误标签	系统内部调用时，入参为 NULL

3.6.3　注意事项

系统中只有一个错误处理的钩子函数。当多次注册钩子函数时，最后一次注册的钩子函数会覆盖前一次注册的函数。

3.6.4　编程实例

1. 实例描述

在下面的例子中，注册错误处理钩子函数并执行错误处理函数。

2. 编程实例

代码实现如下，可从网上下载完整代码[⊖]。

```
#include "los_err.h"
#include "los_typedef.h"
#include <stdio.h>
void Test_ErrHandle(CHAR *fileName, UINT32 lineNo, UINT32 errorNo, UINT32 paraLen,
    VOID  *para)
{
    printf("err handle ok\n");
}
static UINT32 TestCase(VOID)
{
    UINT32 errNo = 0;
```

⊖ 代码链接为 https://support.huaweicloud.com/kernelmanual-LiteOS/resource/sample_err.c。

```
UINT32 ret;
UINT32 errLine = 16;
// 注册钩子函数
LOS_RegErrHandle(Test_ErrHandle);
// 执行错误处理函数
ret = LOS_ErrHandle("os_unspecific_file", errLine, errNo, 0, NULL);
if (ret != LOS_OK) {
    return LOS_NOK;
}
return LOS_OK;
}
```

3. 结果验证

编译并运行，得到的结果为：

```
Huawei LiteOS # err handle ok
```

3.7 队列

3.7.1 概述

1. 基本概念

队列又称为消息队列，是一种常用于任务间通信的数据结构。队列接收来自任务或中断的不固定长度消息，并根据不同的接口确定传递的消息是否存放在队列空间中。

任务能够从队列中读取消息，当队列中的消息为空时，挂起读取任务；当队列中有新消息时，挂起的读取任务被唤醒并处理新消息。任务也能够向队列里写入消息，当队列已经写满消息时，挂起写入任务；当队列中有空闲消息节点时，挂起的写入任务被唤醒并写入消息。如果将读队列和写队列的超时时间设置为 0，则不会挂起任务，接口会直接返回，这就是非阻塞模式。

消息队列提供了异步处理机制，允许将一个消息放入队列，但并不立即处理，同时队列还有缓冲消息的作用。

Huawei LiteOS 中使用队列实现任务异步通信，具有如下特性：

- 消息以先进先出的方式排队，支持异步读写；
- 读队列和写队列都支持超时机制；
- 每读取一条消息，就会将该消息节点设置为空闲；
- 发送消息类型由通信双方约定，可以允许不同长度（不超过队列的消息节点大小）的消息；

- 一个任务能够从任意一个消息队列接收和发送消息;
- 多个任务能够从同一个消息队列接收和发送消息;
- 创建队列时所需的队列空间,默认支持接口内系统自行动态申请内存的方式,同时也支持将用户分配的队列空间作为接口入参传入的方式。

2. 运作机制

(1) 队列控制块

```
typedef enum {
OS_QUEUE_READ =0,
OS_QUEUE_WRITE =1,
OS_QUEUE_N_RW =2
} QueueReadWrite;

/**
* Queue information block structure
*/
typedef struct
{
UINT8      *queueHandle;      /* 队列指针 */
UINT8      queueState;        /* 队列状态 */
UINT8      queueMemType;      /* 创建队列时内存分配的方式 */
UINT16     queueLen;          /* 队列中消息节点的个数,即队列长度 */
UINT16     queueSize;         /* 消息节点的大小 */
UINT32     queueID;           /* 队列 ID */
UINT16     queueHead;         /* 消息头节点位置(数组下标)*/
UINT16     queueTail;         /* 消息尾节点位置(数组下标)*/
UINT16     readWriteableCnt[OS_QUEUE_N_RW]; /* 数组下标为 0 的元素表示队列中可读消息数,
    数组下标为 1 的元素表示队列中可写消息数 */
LOS_DL_LIST readWriteList[OS_QUEUE_N_RW];    /* 读取或写入消息的任务等待链表,下标为 0
    表示读取链表,下标为 1 表示写入链表 */
LOS_DL_LIST memList;           /* CMSIS-RTOS 中的 MailBox 模块使用的内存块链表 */
} LosQueueCB;
```

　　每个队列控制块中都含有队列状态,表示该队列的使用情况。其中 OS_QUEUE_UNUSED 表示队列没有被使用,OS_QUEUE_INUSED 表示队列被使用中。每个队列控制块中都含有创建队列时的内存分配方式。OS_QUEUE_ALLOC_DYNAMIC 表示创建队列时所需的队列空间,由系统自行动态申请内存获取;OS_QUEUE_ALLOC_STATIC 表示创建队列时所需的队列空间,由接口调用者自行申请后传入接口。

(2) 队列运作原理

　　创建队列时,创建队列成功会返回队列 ID。队列控制块中维护着一个消息头节点位置 Head 和一个消息尾节点位置 Tail,用于表示当前队列中消息的存储情况。Head 表示队列中被占用的消息节点的起始位置。Tail 表示被占用的消息节点的结束位置,也是空闲消息节点的起始位置。队列刚创建时，Head 和 Tail 均指向队列起始位置。

写队列时，根据 readWriteableCnt[1] 判断队列是否可以写入，不能对已满（即 readWriteableCnt[1] 为 0）的队列进行写操作。写队列支持两种写入方式，既可以向队列尾节点写入，也可以向队列头节点写入。向尾节点写入时，根据 Tail 找到起始空闲消息节点作为数据写入对象，如果 Tail 已经指向队列尾部则采用回卷方式。向头节点写入时，将Head 的前一个节点作为数据写入对象，如果 Head 指向队列起始位置则采用回卷方式。

读队列时，根据 readWriteableCnt[0] 判断队列是否有消息需要读取，对全部空闲（即 readWriteableCnt[0] 为 0）的队列进行读操作会引起任务挂起。如果队列可以读取消息，则根据 Head 找到最先写入队列的消息节点进行读取，如果 Head 已经指向队列尾部则采用回卷方式。

删除队列时，根据队列 ID 找到对应队列，把队列状态置为未使用，把队列控制块置为初始状态。如果是通过系统动态申请内存方式创建的队列，还会释放队列所占的内存。图 3.20 为读写队列（尾节点写入方式）的示意图，头节点写入方式情况类似。

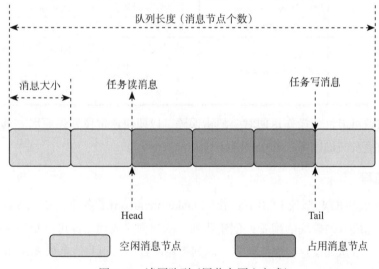

图 3.20　读写队列（尾节点写入方式）

3.7.2　开发指导

1. 使用场景

队列用于任务间的通信，可以实现消息的异步处理，同时消息的发送方和接收方不需要彼此联系，两者间是解耦的。

2. 功能

Huawei LiteOS 中的队列模块提供以下几种功能，如表 3.15 所示，有关接口详细信息，可以查看 API 参考。

表 3.15　队列模块提供的功能

功能分类	接口名	描述
创建 / 删除消息队列	LOS_QueueCreate	创建一个消息队列，由系统动态申请队列空间
	LOS_QueueCreateStatic	创建一个消息队列，由用户分配队列内存空间传入接口
	LOS_QueueDelete	根据队列 ID 删除一个指定的队列
读 / 写队列（不带拷贝）	LOS_QueueRead	读取指定队列头节点中的数据（队列节点中的数据实际上是一个地址）
	LOS_QueueWrite	向指定队列尾节点中写入入参 bufferAddr 的值（即 buffer 的地址）
	LOS_QueueWriteHead	向指定队列头节点中写入入参 bufferAddr 的值（即 buffer 的地址）
读 / 写队列（带拷贝）	LOS_QueueReadCopy	读取指定队列头节点中的数据
	LOS_QueueWriteCopy	向指定队列尾节点中写入入参 bufferAddr 中保存的数据
	LOS_QueueWriteHeadCopy	向指定队列头节点中写入入参 bufferAddr 中保存的数据
获取队列信息	LOS_QueueInfoGet	获取指定队列的信息，包括队列 ID、队列长度、消息节点大小、头节点、尾节点、可读节点数量、可写节点数量、等待读操作的任务、等待写操作的任务、等待 mail 操作的任务

对存在失败可能性的操作返回对应的错误码，以便快速定位错误原因。具体的错误码、错误码实际数值及其描述可参考相应链接[⊖]。

3. 开发流程

使用队列模块的典型流程如下：执行 make menuconfig 命令，进入 Kernel → Enable Queue 菜单，完成队列模块的配置；创建队列，队列创建成功后，可以得到队列 ID；写队列；读队列；获取队列信息；删除队列。队列模块配置项和相关信息如表 3.16 所示。

表 3.16　队列模块配置项和相关信息

配置项	含义	取值范围	默认值	依赖
LOSCFG_BASE_IPC_QUEUE	队列模块裁剪开关	YES/NO	YES	无
LOSCFG_QUEUE_STATIC_ALLOCATION	支持以用户分配内存的方式创建队列	YES/NO	NO	LOSCFG_BASE_IPC_QUEUE
LOSCFG_BASE_IPC_QUEUE_LIMIT	系统支持的最大队列数	<65535	1024	LOSCFG_BASE_IPC_QUEUE

⊖　https://support.huaweicloud.com/kernelmanual-LiteOS/zh-cn_topic_0145350146.html。

3.7.3　注意事项

1）系统支持的最大队列数是指整个系统的队列资源总个数，而非用户能使用的个数。例如，系统软件定时器多占用一个队列资源，用户能使用的队列资源就会减少一个。

2）创建队列时传入的队列名和 flags 暂时未使用，作为以后的预留参数。

3）队列接口函数中的入参 timeout 是相对时间。

4）LOS_QueueReadCopy、LOS_QueueWriteCopy 和 LOS_QueueWriteHeadCopy 是　一组接口，LOS_QueueRead、LOS_QueueWrite 和 LOS_QueueWriteHead 是一组接口，两组接口需要配套使用。

5）鉴于 LOS_QueueRead、LOS_QueueWrite 和 LOS_QueueWriteHead 这组接口实际操作的是数据地址，用户必须保证调用 LOS_QueueRead 获取到的指针所指向的内存区域在读队列期间没有被异常修改或释放，否则可能导致不可预知的后果。

6）鉴于 LOS_QueueRead、LOS_QueueWrite 和 LOS_QueueWriteHead 这组接口实际操作的是数据地址，也就意味着实际写和读的消息长度仅仅是一个指针数据，因此用户使用这组接口之前，需确保创建队列时的消息节点大小为一个指针的长度，避免不必要的浪费和读取失败。

7）当队列使用结束后，如果存在动态申请的内存，需要及时释放这些内存。

3.7.4　编程实例

1. 实例描述

创建一个队列和两个任务，任务 1 调用写队列接口发送消息，任务 2 通过读队列接口接收消息。通过 LOS_TaskCreate 创建任务 1 和任务 2，通过 LOS_QueueCreate 创建一个消息队列，在任务 1 send_Entry 中发送消息，在任务 2 recv_Entry 中接收消息，通过 LOS_QueueDelete 删除队列。

2. 编程示例

首先在 menuconfig 菜单中完成队列模块的配置，可从网上下载完整代码⊖。

```
#include "los_task.h"
#include "los_queue.h"

static UINT32 g_queue;
#define BUFFER_LEN 50
```

⊖　代码链接为 https://support.huaweicloud.com/kernelmanual-LiteOS/resource/sample_queue.c。

```
VOID send_Entry(VOID)
{
    UINT32 i = 0;
    UINT32 ret = 0;
    CHAR abuf[] = "test is message x";
    UINT32 len = sizeof(abuf);
    while (i < 5) {
        abuf[len -2] = '0' + i;
        i++;
        ret = LOS_QueueWriteCopy(g_queue, abuf, len, 0);
        if(ret != LOS_OK) {
            dprintf("send message failure, error: %x\n", ret);
        }
        LOS_TaskDelay(5);
    }
}


VOID recv_Entry(VOID)
{
    UINT32 ret = 0;
    CHAR readBuf[BUFFER_LEN] = {0};
    UINT32 readLen = BUFFER_LEN;
    while (1) {
        ret = LOS_QueueReadCopy(g_queue, readBuf, &readLen, 0);
        if(ret != LOS_OK) {
            dprintf("recv message failure, error: %x\n", ret);
            break;
        }
        dprintf("recv message: %s\n", readBuf);
        LOS_TaskDelay(5);
    }
    while (LOS_OK != LOS_QueueDelete(g_queue)) {
        LOS_TaskDelay(1);
    }
    dprintf("delete the queue success!\n");
}
UINT32 Example_CreateTask(VOID)
{
    UINT32 ret = 0;
    UINT32 task1, task2;
    TSK_INIT_PARAM_S initParam;
    initParam.pfnTaskEntry = (TSK_ENTRY_FUNC)send_Entry;
    initParam.usTaskPrio = 9;
    initParam.uwStackSize = LOS_TASK_MIN_STACK_SIZE;
    initParam.pcName = "sendQueue";
#ifdef LOSCFG_KERNEL_SMP
    initParam.usCpuAffiMask = CPUID_TO_AFFI_MASK(ArchCurrCpuid());
#endif
    initParam.uwResved = LOS_TASK_STATUS_DETACHED;
    LOS_TaskLock();
```

```
    ret = LOS_TaskCreate(&task1, &initParam);
    if(ret != LOS_OK) {
        dprintf("create task1 failed, error: %x\n", ret);
        return ret;
    }
    initParam.pcName = "recvQueue";
    initParam.pfnTaskEntry = (TSK_ENTRY_FUNC)recv_Entry;
    ret = LOS_TaskCreate(&task2, &initParam);
    if(ret != LOS_OK) {
        dprintf("create task2 failed, error: %x\n", ret);
        return ret;
    }
    ret = LOS_QueueCreate("queue", 5, &g_queue, 0, BUFFER_LEN);
    if(ret != LOS_OK) {
        dprintf("create queue failure, error: %x\n", ret);
    }
    dprintf("create the queue success!\n");
    LOS_TaskUnlock();
    return ret;
}
```

3. 结果验证

```
create the queue success!
recv message: test is message 0
recv message: test is message 1
recv message: test is message 2
recv message: test is message 3
recv message: test is message 4
recv message failure, error: 200061d
delete the queue success!
```

3.8　事件

3.8.1　概述

1. 基本概念

事件（event）是一种任务间通信的机制，可用于任务间的同步。在多任务环境下，任务之间往往需要同步操作，一个等待即是一个同步。事件可以提供一对多、多对多的同步操作。一对多同步模型：一个任务等待多个事件的触发。可以是任意一个事件发生时唤醒任务处理事件，也可以是几个事件都发生后才唤醒任务处理事件。多对多同步模型：多个任务等待多个事件的触发。

Huawei LiteOS 提供的事件具有如下特点。

- 任务通过创建事件控制块来触发事件或等待事件。
- 事件之间相互独立，内部实现为一个 32 位无符号整型，每一位标识一种事件类型。第 25 位不可用，因此最多可支持 31 种事件类型。
- 事件仅用于任务间的同步，不提供数据传输功能。
- 多次向事件控制块写入同一事件类型，在被清零前等效于只写入一次。
- 多个任务可以对同一事件进行读写操作。
- 支持事件读写超时机制。

2. 事件控制块

```
/**
 * 事件控制结构体
 */
typedef struct tagEvent {

    UINT32 uwEventID;               /* 事件 ID, 每一位标识一种事件类型 */
    LOS_DL_LIST     stEventList;   /* 读取事件的任务链表 */
} EVENT_CB_S, *PEVENT_CB_S;
```

其中 uwEventID 用于标识该任务发生的事件类型，其中每一位表示一种事件类型（0 表示该事件类型未发生，1 表示该事件类型已经发生），共 31 种事件类型，其中第 25 位系统保留。

3. 事件读取模式

在读事件时，可以选择读取模式，读取模式如下。

- 所有事件（LOS_WAITMODE_AND）：逻辑与，基于接口传入的事件类型掩码 eventMask，只有这些事件都已经发生才能读取成功，否则该任务将阻塞等待或者返回错误码。
- 任一事件（LOS_WAITMODE_OR）：逻辑或，基于接口传入的事件类型掩码 eventMask，只要这些事件中有任一事件发生就可以读取成功，否则该任务将阻塞等待或者返回错误码。
- 清除事件（LOS_WAITMODE_CLR）：这是一种附加读取模式，需要与所有事件模式或任一事件模式结合使用（LOS_WAITMODE_AND | LOS_WAITMODE_CLR 或 LOS_WAITMODE_OR | LOS_WAITMODE_CLR）。在这种模式下，当设置的所有事件模式或任一事件模式读取成功后，会自动清除事件控制块中对应的事件类型位。

4. 运作机制

任务在调用 LOS_EventRead 接口读事件时，可以根据入参事件掩码类型 eventMask 读取事件的单个或者多个事件类型。事件读取成功后，如果设置 LOS_WAITMODE_CLR，则会清除已读取到的事件类型，反之不会清除已读到的事件类型，需要进行显式清除。可以通过入参选择读取模式，读取事件掩码类型中的所有事件还是读取事件掩码类型中任一事件。

任务在调用 LOS_EventWrite 接口写事件时，对指定的事件控制块写入指定的事件类型，可以一次同时写入多个事件类型。写事件会触发任务调度。

任务在调用 LOS_EventClear 接口清除事件时，根据入参事件和待清除的事件类型，对事件对应位进行清 0 操作。

事件唤醒任务示意图如图 3.21 所示。

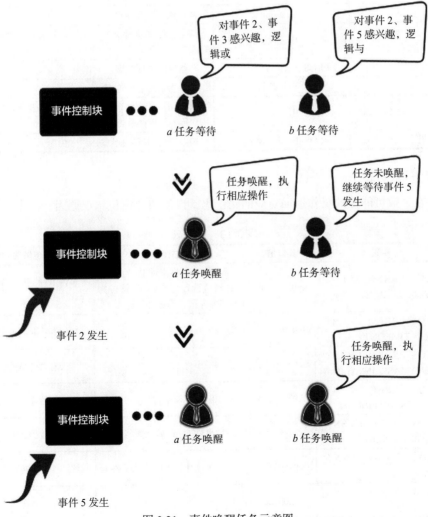

图 3.21　事件唤醒任务示意图

3.8.2 开发指导

1. 使用场景

事件可应用于多种任务同步场景，在某些同步场景下可替代信号量。

2. 功能

Huawei LiteOS 的事件模块为用户提供以下几种功能，有关接口详细信息，可以查看 API 参考。表 3.17 展示了事件模块的 API。

表 3.17　事件模块提供的功能

功能分类	接口名	描述
初始化事件	LOS_EventInit	初始化一个事件控制块
读 / 写事件	LOS_EventRead	读取指定的事件类型，超时时间为相对时间：单位为 Tick
	LOS_EventWrite	写指定的事件类型
清除事件	LOS_EventClear	清除指定的事件类型
校验事件掩码	LOS_EventPoll	根据用户传入的事件 ID、事件掩码及读取模式，返回用户传入的事件是否符合预期
销毁事件	LOS_EventDestroy	销毁指定的事件控制块

3. 事件错误码

对存在失败可能性的操作返回对应的错误码，以便快速定位错误原因，如表 3.18 所示。

表 3.18　错误码

序号	定义	实际值	描述	参考解决方案
1	LOS_ERRNO_EVENT_SETBIT_INVALID	0x02001c00	写事件时，将事件 ID 的第 25 个比特位设置为 1。该比特位为 OS 内部保留，不允许设置为 1	事件 ID 的第 25 个比特位置为 0
2	LOS_ERRNO_EVENT_READ_TIMEOUT	0x02001c01	读事件超时	增加等待时间或者重新读取
3	LOS_ERRNO_EVENT_EVENTMASK_INVALID	0x02001c02	入参的事件 ID 是无效的	传入有效的事件 ID 参数
4	LOS_ERRNO_EVENT_READ_IN_INTERRUPT	0x02001c03	在中断中读取事件	启动新的任务来获取事件
5	LOS_ERRNO_EVENT_FLAGS_INVALID	0x02001c04	读取事件的 mode 无效	传入有效的 mode 参数
6	LOS_ERRNO_EVENT_READ_IN_LOCK	0x02001c05	任务被锁住，不能读取事件	解锁任务，再读取事件
7	LOS_ERRNO_EVENT_PTR_NULL	0x02001c06	传入的参数为空指针	传入非空入参

（续）

序号	定义	实际值	描述	参考解决方案
8	LOS_ERRNO_EVENT_ READ_IN_SYSTEM_TASK	0x02001c07	在系统任务中读取事件，如idle 和软件定时器	启动新的任务来获取事件
9	LOS_ERRNO_EVENT_ SHOULD_NOT_DESTORY	0x02001c08	事件链表上仍有任务，无法被销毁	先检查事件链表是否为空

4. 开发流程

使用事件模块的典型流程如下：执行 make menuconfig 命令，进入 Kernel → Enable Event 菜单，完成事件模块的配置，如表 3.19 所示。调用事件初始化 LOS_EventInit 接口，初始化事件等待队列，写事件（LOS_EventWrite）写入指定的事件类型，读事件（LOS_EventRead）可以选择读取模式，清除事件（LOS_EventClear）清除指定的事件类型。

表 3.19　事件配置项和相关信息

配置项	含义	取值范围	默认值	依赖
LOSCFG_BASE_IPC_ EVENT	事件功能的裁剪开关	YES/NO	YES	无
LOSCFG_BASE_IPC_ EVENT_LIMIT	最大支持的事件控制块数量	无	1024	LOSCFG_BASE_IPC_EVENT

3.8.3　注意事项

- 在系统初始化之前不能调用读写事件接口。一旦调用，系统将不能正常运行。
- 在中断中，可以对事件对象进行写操作，但不能进行读操作。
- 在锁任务调度状态下，禁止任务阻塞于读事件。
- LOS_EventClear 入参值是要清除的指定事件类型的反码（~events）。
- 为了区别 LOS_EventRead 接口返回的是事件还是错误码，事件掩码的第 25 位不能使用。

3.8.4　编程实例

1. 实例描述

任务 Example_TaskEntry 创建一个任务 Example_Event，Example_Event 读事件阻塞，Example_TaskEntry 向该任务写事件。可以通过示例日志中打印的先后顺序理解事件操作时伴随的任务切换。

1）任务 Example_TaskEntry 创建任务 Example_Event，其中任务 Example_Event 的优

先级高于 Example_TaskEntry 的优先级。

2）在任务 Example_Event 中读事件 0x00000001，阻塞，发生任务切换，执行任务 Example_TaskEntry。

3）任务 Example_TaskEntry 向任务 Example_Event 写事件 0x00000001，发生任务切换，执行任务 Example_Event。

4）Example_Event 得以执行，直到任务结束。

5）Example_TaskEntry 得以执行，直到任务结束。

2. 编程示例

首先在 menuconfig 菜单中完成事件模块的配置，可从网上下载完整代码[⊖]。

```c
#include "los_event.h"
#include "los_task.h"
#include "securec.h"

/* 任务 ID */
UINT32 g_testTaskId;

/* 事件控制结构体 */
EVENT_CB_S g_exampleEvent;

/* 等待的事件类型 */
#define EVENT_WAIT 0x00000001

/* 用例任务入口函数 */
VOID Example_Event(VOID)
{
    UINT32 ret;
    UINT32 event;

    /* 超时等待方式读事件，超时时间为 100 Ticks，若 100 Ticks 后未读取到指定事件，则读事件超时，
       任务直接被唤醒 */
    printf("Example_Event wait event 0x%x \n", EVENT_WAIT);
    event = LOS_EventRead(&g_exampleEvent, EVENT_WAIT, LOS_WAITMODE_AND, 100);
    if (event == EVENT_WAIT) {
        printf("Example_Event,read event :0x%x\n", event);
    } else {
        printf("Example_Event,read event timeout\n");
    }
}

UINT32 Example_TaskEntry(VOID)
{
    UINT32 ret;
    TSK_INIT_PARAM_S task1;
```

⊖　代码链接为 https://support.huaweicloud.com/kernelmanual-LiteOS/resource/sample_event.c。

```
/* 事件初始化 */
ret = LOS_EventInit(&g_exampleEvent);
if (ret != LOS_OK) {
    printf("init event failed .\n");
    return -1;
}

/* 创建任务 */
(VOID)memset_s(&task1, sizeof(TSK_INIT_PARAM_S), 0, sizeof(TSK_INIT_PARAM_S));
task1.pfnTaskEntry = (TSK_ENTRY_FUNC)Example_Event;
task1.pcName       = "EventTsk1";
task1.uwStackSize  = OS_TSK_DEFAULT_STACK_SIZE;
task1.usTaskPrio   = 5;
ret = LOS_TaskCreate(&g_testTaskId, &task1);
if (ret != LOS_OK) {
    printf("task create failed .\n");
    return LOS_NOK;
}

/* 写 g_testTaskId 等待事件 */
printf("Example_TaskEntry write event .\n");

ret = LOS_EventWrite(&g_exampleEvent, EVENT_WAIT);
if (ret != LOS_OK) {
    printf("event write failed .\n");
    return LOS_NOK;
}

/* 清标志位 */
printf("EventMask:%d\n", g_exampleEvent.uwEventID);
LOS_EventClear(&g_exampleEvent, ~g_exampleEvent.uwEventID);
printf("EventMask:%d\n", g_exampleEvent.uwEventID);

/* 删除任务 */
ret = LOS_TaskDelete(g_testTaskId);
if (ret != LOS_OK) {
    printf("task delete failed .\n");
    return LOS_NOK;
}

return LOS_OK;
}
```

3. 结果验证

编译并运行，得到的结果为：

```
Example_Event wait event 0x1
Example_TaskEntry write event.
Example_Event,read event :0x1
EventMask:1
EventMask:0
```

3.9 信号量

3.9.1 概述

1. 基本概念

信号量（semaphore）是一种实现任务间通信的机制，可以实现任务间的同步或共享资源的互斥访问。一个信号量的数据结构中通常有一个计数值，用于对有效资源数的计数，表示剩余可被使用的共享资源数。其值的含义分为两种情况：如果为 0，表示该信号量当前不可获取，因此可能存在正在等待该信号量的任务；如果为正值，表示该信号量当前可被获取。以同步为目的的信号量和以互斥为目的的信号量在使用上有如下不同：

- 用作互斥时，初始信号量计数值不为 0，表示可用的共享资源个数。在需要使用共享资源前，先获取信号量，然后使用一个共享资源，使用完毕后释放信号量。这样在共享资源被取完，即信号量计数减至 0 时，其他需要获取信号量的任务将被阻塞，从而保证了共享资源的互斥访问。另外，当共享资源数为 1 时，建议使用二值信号量，一种类似于互斥锁的机制。
- 用作同步时，初始信号量计数值为 0。任务 1 获取信号量而阻塞，直到任务 2 或者某中断释放信号量，任务 1 才得以进入就绪（Ready）或运行（Running）态，从而达到任务间的同步。

2. 运作机制

（1）信号量控制块

如下代码片段中展示了信号量的控制块，结构体中定义了不同的信息。

```
/**
 * 信号量控制结构体
 */
typedef struct {
    UINT8           semStat;        /* 是否使用标志位 */
    UINT8           semType;        /* 信号量类型 */
    UINT16          semCount;       /* 信号量计数 */
    UINT32          semId;          /* 信号量索引号 */
    LOS_DL_LIST     semList;        /* 挂接阻塞于该信号量的任务 */
} LosSemCB;
```

（2）信号量运作原理

1）信号量初始化。为配置的 N 个信号量申请内存（N 值可以由用户自行配置，通过 LOSCFG_BASE_IPC_SEM_LIMIT 宏实现），把所有信号量初始化成未使用并将其加入未使用链表中供系统使用。

2）信号量创建。从未使用的信号量链表中获取一个信号量，并设定初值。

3）信号量申请。若其计数器值大于 0，则直接减 1 并返回成功；否则任务阻塞，等待其他任务释放该信号量，等待超时的时间长度可设定。当任务被一个信号量阻塞时，将该任务挂到信号量等待任务队列的队尾。

4）信号量释放，若没有任务等待该信号量，则直接将计数器加 1 返回，否则唤醒该信号量等待任务队列上的第一个任务。

5）信号量删除，将正在使用的信号量置为未使用信号量，并挂回到未使用链表。

信号量允许多个任务在同一时刻访问共享资源，但会限制同一时刻访问此资源的最大任务数目。当访问资源的任务数达到该资源允许的最大数量时，会阻塞其他试图获取该资源的任务，直到有任务释放该信号量。图 3.22 展示了信号量运作示意图。

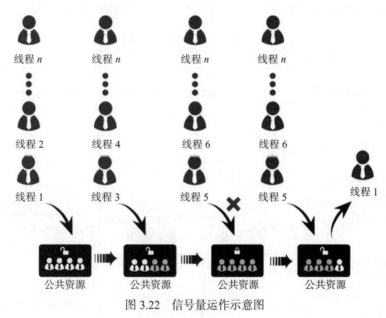

图 3.22　信号量运作示意图

3.9.2　开发指导

1. 使用场景

在多任务系统中，信号量是一种非常灵活的同步方式，可以运用于多种场合，实现锁、同步、资源计数等功能，也能方便地用于任务与任务、中断与任务的同步。信号量常用于协助一组相互竞争的任务访问共享资源。

2. 功能

Huawei LiteOS 的信号量模块为用户提供以下几种功能，有关接口详细信息，可以查看

API 参考，如表 3.20 所示。

表 3.20　信号量模块提供的功能

功能分类	接口名	描述
创建 / 删除信号量	LOS_SemCreate	创建信号量，返回信号量 ID
	LOS_BinarySemCreate	创建二值信号量，其计数值最大为 1
	LOS_SemDelete	删除指定的信号量
申请 / 释放信号量	LOS_SemPend	申请指定的信号量，并设置超时时间
	LOS_SemPost	释放指定的信号量

3. 信号量错误码

对存在失败可能性的操作返回对应的错误码，以便快速定位错误原因。表 3.21 展示了信号量错误码定义及相关信息。

表 3.21　信号量错误码定义及相关信息

序号	定义	实际数值	描述	参考解决方案
1	LOS_ERRNO_SEM_NO_MEMORY	0x02000700	初始化信号量时，内存空间不足	调整 OS_SYS_MEM_SIZE 以确保有足够的内存供信号量使用，或减小系统支持的最大信号量数 LOSCFG_BASE_IPC_SEM_LIMIT
2	LOS_ERRNO_SEM_INVALID	0x02000701	信号量 ID 不正确或信号量未创建	传入正确的信号量 ID 或创建信号量后再使用
3	LOS_ERRNO_SEM_PTR_NULL	0x02000702	传入空指针	传入合法指针
4	LOS_ERRNO_SEM_ALL_BUSY	0x02000703	创建信号量时，系统中已经没有未使用的信号量	及时删除无用的信号量或增加系统支持的最大信号量数 LOSCFG_BASE_IPC_SEM_LIMIT
5	LOS_ERRNO_SEM_UNAVAILABLE	0x02000704	无阻塞模式下未获取到信号量	选择阻塞等待或根据该错误码适当处理
6	LOS_ERRNO_SEM_PEND_INTERR	0x02000705	中断期间非法调用 LOS_SemPend 申请信号量	中断期间禁止调用 LOS_SemPend
7	LOS_ERRNO_SEM_PEND_IN_LOCK	0x02000706	任务被锁，无法获得信号量	在任务被锁时，不能调用 LOS_SemPend 申请信号量
8	LOS_ERRNO_SEM_TIMEOUT	0x02000707	获取信号量超时	将时间设置在合理范围内
9	LOS_ERRNO_SEM_OVERFLOW	0x02000708	信号量计数值已达到最大值，无法再继续释放该信号量	根据该错误码适当处理
10	LOS_ERRNO_SEM_PENDED	0x02000709	等待信号量的任务队列不为空	唤醒所有等待该信号量的任务后，再删除该信号量
11	LOS_ERRNO_SEM_PEND_IN_SYSTEM_TASK	0x0200070a	在系统任务中获取信号量，如 idle 和软件定时器	不要在系统任务中获取信号量

```
    /* 释放信号量 */
    LOS_SemPost(g_semId);
    return;
}

UINT32 ExampleTaskEntry(VOID)
{
    UINT32 ret;
    TSK_INIT_PARAM_S task1;
    TSK_INIT_PARAM_S task2;

    /* 创建信号量 */
    LOS_SemCreate(0,&g_semId);

    /* 锁任务调度 */
    LOS_TaskLock();

    /* 创建任务 1 */
    (VOID)memset_s(&task1, sizeof(TSK_INIT_PARAM_S), 0, sizeof(TSK_INIT_PARAM_S));
    task1.pfnTaskEntry = (TSK_ENTRY_FUNC)Example_SemTask1;
    task1.pcName       = "TestTsk1";
    task1.uwStackSize  = OS_TSK_DEFAULT_STACK_SIZE;
    task1.usTaskPrio   = TASK_PRIO_TEST;
    ret = LOS_TaskCreate(&g_testTaskId01, &task1);
    if (ret != LOS_OK) {
        printf("task1 create failed .\n");
        return LOS_NOK;
    }

    /* 创建任务 2 */
    (VOID)memset_s(&task2, sizeof(TSK_INIT_PARAM_S), 0, sizeof(TSK_INIT_PARAM_S));
    task2.pfnTaskEntry = (TSK_ENTRY_FUNC)Example_SemTask2;
    task2.pcName       = "TestTsk2";
    task2.uwStackSize  = OS_TSK_DEFAULT_STACK_SIZE;
    task2.usTaskPrio   = (TASK_PRIO_TEST - 1);
    ret = LOS_TaskCreate(&g_testTaskId02, &task2);
    if (ret != LOS_OK) {
        printf("task2 create failed .\n");
        return LOS_NOK;
    }

    /* 解锁任务调度 */
    LOS_TaskUnlock();

    ret = LOS_SemPost(g_semId);

    /* 任务休眠 40 个 tick */
    LOS_TaskDelay(40);

    /* 删除信号量 */
    LOS_SemDelete(g_semId);
```

```
/* 删除任务 1 */
ret = LOS_TaskDelete(g_testTaskId01);
if (ret != LOS_OK) {
    printf("task1 delete failed .\n");
    return LOS_NOK;
}
/* 删除任务 2 */
ret = LOS_TaskDelete(g_testTaskId02);
if (ret != LOS_OK) {
    printf("task2 delete failed .\n");
    return LOS_NOK;
}

    return LOS_OK;
}
```

3. 结果验证

编译并运行，得到的结果为：

```
Example_SemTask2 try get sem g_semId wait forever.
Example_SemTask1 try get sem g_semId ,timeout 10 ticks.
Example_SemTask2 get sem g_semId and then delay 20ticks.
Example_SemTask1 timeout and try get sem g_semId wait forever.
Example_SemTask2 post sem g_semId.
Example_SemTask1 wait_forever and get sem g_semId.
```

3.10 互斥锁

3.10.1 概述

1. 基本概念

互斥锁又称为互斥型信号量，是一种特殊的二值性信号量，用于实现对临界资源的独占式处理。另外，互斥锁可以解决信号量存在的优先级翻转问题。

在任意时刻，互斥锁只有两种状态，即开锁或闭锁。当任务持有互斥锁时，这个任务获得该互斥锁的所有权，互斥锁处于闭锁状态。当该任务释放锁后，任务失去该互斥锁的所有权，互斥锁处于开锁状态。当一个任务持有互斥锁时，其他任务不能再对该互斥锁进行开锁或持有。

Huawei LiteOS 提供的互斥锁具有如下特点：通过优先级继承算法，解决优先级翻转问题，多任务阻塞等待同一个锁的场景，支持基于任务优先级等待和 FIFO 两种模式。

2. 运作机制

多任务环境下会存在多个任务访问同一公共资源的场景，有些公共资源是非共享的临界资源，只能被独占使用。

　　用互斥锁处理临界资源的同步访问时，如果有任务访问该资源，则互斥锁为加锁状态。此时其他任务如果想访问这个临界资源则会被阻塞，直到互斥锁被持有该锁的任务释放后，其他任务才能重新访问该公共资源，此时互斥锁再次上锁，如此确保同一时刻只有一个任务正在访问这个临界资源，保证了临界资源操作的完整性。图 3.23 展示了互斥锁运作示意图。

图 3.23　互斥锁运作示意图

3.10.2　开发指导

1. 使用场景

　　多任务环境下往往存在多个任务竞争同一临界资源的应用场景，互斥锁可以提供任务间的互斥机制，防止两个任务在同一时刻访问相同的临界资源，从而实现独占式访问。

2. 功能

　　Huawei LiteOS 的互斥锁模块为用户提供以下几种功能，有关接口详细信息，可以查看 API 参考，表 3.23 展示了互斥锁模块 API。

表 3.23　互斥锁模块提供的功能

功能分类	接口名	描述
创建 / 删除互斥锁	LOS_MuxCreate	创建互斥锁
	LOS_MuxDelete	删除指定互斥锁
申请 / 释放互斥锁	LOS_MuxPend	申请指定互斥锁
	LOS_MuxPost	释放指定互斥锁

3. 互斥锁错误码

　　对存在失败可能性的操作返回对应的错误码，以便快速定位错误原因，表 3.24 展示了互斥锁错误码定义及相关信息。

表 3.24　互斥锁错误码定义及相关信息

序号	定义	实际数值	描述	参考解决方案
1	LOS_ERRNO_MUX_NO_MEMORY	0x02001d00	初始化互斥锁模块时，内存不足	设置更大的系统动态内存池，配置项为 OS_SYS_MEM_SIZE，或减少系统支持的最大互斥锁个数
2	LOS_ERRNO_MUX_INVALID	0x02001d01	互斥锁不可用	传入有效的互斥锁 ID
3	LOS_ERRNO_MUX_PTR_NULL	0x02001d02	创建互斥锁时，入参为空指针	传入有效指针
4	LOS_ERRNO_MUX_ALL_BUSY	0x02001d03	创建互斥锁时，系统中已经没有可用的互斥锁	增加系统支持的最大互斥锁个数
5	LOS_ERRNO_MUX_UNAVAILABLE	0x02001d04	申请互斥锁失败，因为锁已经被其他线程持有	等待其他线程解锁或者设置等待时间
6	LOS_ERRNO_MUX_PEND_INTERR	0x02001d05	在中断中使用互斥锁	禁止在中断中申请 / 释放互斥锁
7	LOS_ERRNO_MUX_PEND_IN_LOCK	0x02001d06	锁任务调度时，不允许以阻塞模式申请互斥锁	以非阻塞模式申请互斥锁，或使能任务调度后再阻塞申请互斥锁
8	LOS_ERRNO_MUX_TIMEOUT	0x02001d07	申请互斥锁超时	增加等待时间，或采用一直等待模式
9	LOS_ERRNO_MUX_OVERFLOW	0x02001d08	暂不使用该错误码	—
10	LOS_ERRNO_MUX_PENDED	0x02001d09	删除正在使用的互斥锁	等待解锁后再删除该互斥锁
11	LOS_ERRNO_MUX_GET_COUNT_ERR	0x02001d0a	暂不使用该错误码	—
12	LOS_ERRNO_MUX_REG_ERROR	0x02001d0b	暂不使用该错误码	—
13	LOS_ERRNO_MUX_PEND_IN_SYSTEM_TASK	0x02001d0c	系统任务中获取互斥锁，如 idle 和软件定时器	不在系统任务中申请互斥锁

4. 开发流程

互斥锁典型场景的开发流程为：执行 make menuconfig 命令，进入 Kernel → Enable Mutex 菜单，完成互斥锁的配置，表 3.25 展示了互斥锁配置项和相关信息；创建互斥锁 LOS_MuxCreate；申请互斥锁 LOS_MuxPend；释放互斥锁 LOS_MuxPost；删除互斥锁 LOS_MuxDelete。

表 3.25　互斥锁配置项和相关信息

配置项	含义	取值范围	默认值	依赖
LOSCFG_BASE_IPC_MUX	互斥锁模块裁剪开关	YES/NO	YES	无

（续）

配置项	含义	取值范围	默认值	依赖
LOSCFG_MUTEX_WAITMODE_PRIO	互斥锁基于任务优先级的等待模式	YES/NO	YES	LOSCFG_BASE_IPC_MUX
LOSCFG_MUTEX_WAITMODE_FIFO	互斥锁基于 FIFO 的等待模式	YES/NO	NO	LOSCFG_BASE_IPC_MUX
LOSCFG_BASE_IPC_MUX_LIMIT	系统支持的最大互斥锁个数	小于 65535	1024	LOSCFG_BASE_IPC_MUX

3.10.3　注意事项

- 互斥锁不能在中断服务程序中使用。
- Huawei LiteOS 作为实时操作系统需要保证任务调度的实时性，尽量避免任务的长时间阻塞，因此在获得互斥锁之后，应该尽快释放互斥锁。
- 在持有互斥锁的过程中，不得再调用 LOS_TaskPriSet 等接口更改持有互斥锁任务的优先级。
- 互斥锁不支持多个相同优先级任务翻转的场景。

3.10.4　编程实例

1. 实例描述

本实例实现如下流程。

1）任务 Example_TaskEntry 创建一个互斥锁，锁任务调度，创建两个任务 Example_MutexTask1、Example_MutexTask2。Example_MutexTask2 优先级高于 Example_MutexTask1，解锁任务调度，然后 Example_TaskEntry 任务休眠 300 Tick。

2）Example_MutexTask2 被调度，以永久阻塞模式申请互斥锁，并成功获取到该互斥锁，然后任务休眠 100 Tick，Example_MutexTask2 挂起，Example_MutexTask1 被唤醒。

3）Example_MutexTask1 以定时阻塞模式申请互斥锁，等待时间为 10 Tick，因互斥锁仍被 Example_MutexTask2 持有，Example_MutexTask1 挂起。10 Tick 超时时间到达后，Example_MutexTask1 被唤醒，以永久阻塞模式申请互斥锁，因互斥锁仍被 Example_MutexTask2 持有，Example_MutexTask1 挂起。

4）100 Tick 休眠时间到达后，Example_MutexTask2 被唤醒，释放互斥锁，唤醒 Example_MutexTask1。Example_MutexTask1 成功获取到互斥锁后，释放锁。

5）300 Tick 休眠时间到达后，任务 Example_TaskEntry 被调度运行，删除互斥锁，删除两个任务。

2. 编程示例

首先通过 make menuconfig 完成互斥锁的配置，可从网上下载完整代码⊖。

```c
/* 互斥锁句柄 id */
UINT32 g_testMux;
/* 任务 ID */
UINT32 g_testTaskId01;
UINT32 g_testTaskId02;

VOID Example_MutexTask1(VOID)
{
    UINT32 ret;

    printf("task1 try to get  mutex, wait 10 ticks.\n");
    /* 申请互斥锁 */
    ret = LOS_MuxPend(g_testMux, 10);

    if (ret == LOS_OK) {
        printf("task1 get mutex g_testMux.\n");
        /* 释放互斥锁 */
        LOS_MuxPost(g_testMux);
        return;
    } else if (ret == LOS_ERRNO_MUX_TIMEOUT ) {
            printf("task1 timeout and try to get mutex, wait forever.\n");
            /* 申请互斥锁 */
            ret = LOS_MuxPend(g_testMux, LOS_WAIT_FOREVER);
            if (ret == LOS_OK) {
                printf("task1 wait forever, get mutex g_testMux.\n");
                /* 释放互斥锁 */
                LOS_MuxPost(g_testMux);
                return;
            }
    }
    return;
}

VOID Example_MutexTask2(VOID)
{
    printf("task2 try to get  mutex, wait forever.\n");
    /* 申请互斥锁 */
    (VOID)LOS_MuxPend(g_testMux, LOS_WAIT_FOREVER);

    printf("task2 get mutex g_testMux and suspend 100 ticks.\n");

    /* 任务休眠 100 个 Tick */
    LOS_TaskDelay(100);

    printf("task2 resumed and post the g_testMux\n");
```

⊖ 代码链接为 https://support.huaweicloud.com/kernelmanual-LiteOS/resource/sample_mutex.c。

```
    /* 释放互斥锁 */
    LOS_MuxPost(g_testMux);
    return;
}

UINT32 Example_TaskEntry(VOID)
{
    UINT32 ret;
    TSK_INIT_PARAM_S task1;
    TSK_INIT_PARAM_S task2;

    /* 创建互斥锁 */
    LOS_MuxCreate(&g_testMux);

    /* 锁任务调度 */
    LOS_TaskLock();

    /* 创建任务 1 */
    memset(&task1, 0, sizeof(TSK_INIT_PARAM_S));
    task1.pfnTaskEntry = (TSK_ENTRY_FUNC)Example_MutexTask1;
    task1.pcName = "MutexTsk1";
    task1.uwStackSize = LOSCFG_BASE_CORE_TSK_DEFAULT_STACK_SIZE;
    task1.usTaskPrio = 5;
    ret = LOS_TaskCreate(&g_testTaskId01, &task1);
    if (ret != LOS_OK) {
        printf("task1 create failed.\n");
        return LOS_NOK;
    }

    /* 创建任务 2 */
    memset(&task2, 0, sizeof(TSK_INIT_PARAM_S));
    task2.pfnTaskEntry = (TSK_ENTRY_FUNC)Example_MutexTask2;
    task2.pcName = "MutexTsk2";
    task2.uwStackSize = LOSCFG_BASE_CORE_TSK_DEFAULT_STACK_SIZE;
    task2.usTaskPrio = 4;
    ret = LOS_TaskCreate(&g_testTaskId02, &task2);
    if (ret != LOS_OK) {
        printf("task2 create failed.\n");
        return LOS_NOK;
    }

    /* 解锁任务调度 */
    LOS_TaskUnlock();
    /* 休眠 300 个 Tick */
    LOS_TaskDelay(300);

    /* 删除互斥锁 */
    LOS_MuxDelete(g_testMux);

    /* 删除任务 1 */
    ret = LOS_TaskDelete(g_testTaskId01);
```

```
    if (ret != LOS_OK) {
        printf("task1 delete failed .\n");
        return LOS_NOK;
    }
    /* 删除任务 2 */
    ret = LOS_TaskDelete(g_testTaskId02);
    if (ret != LOS_OK) {
        printf("task2 delete failed .\n");
        return LOS_NOK;
    }

    return LOS_OK;
}
```

3. 结果验证

编译并运行，得到的结果为：

```
task2 try to get  mutex, wait forever.
task2 get mutex g_testMux and suspend 100 ticks.
task1 try to get  mutex, wait 10 ticks.
task1 timeout and try to get mutex, wait forever.
task2 resumed and post the g_testMux
task1 wait forever,get mutex g_testMux.
```

第 4 章

面向小熊派的 AIoT 售货机设计

本章利用小熊派开发板来搭建一个基本的自动售货机实例，进行以边缘侧设备为主的 AIoT 系统搭建介绍。自动售货机作为生活中常见的业务场景之一，其流程不再赘述。从边缘侧设备端观测，其基本工作主要分成四个步骤，即产品呈现、获取选择、上传报送、接收指令。因此，除开始部分对开发环境配置的介绍外，本章将分为四个部分以实验的方式进行介绍。

- 实验一：自动售货机商品显示实验，通过小熊派开发板自带的 LCD 屏幕，实现自动售货机货柜显示饮料以及价格，进行交互输出部分的介绍。
- 实验二：商品选择实验，通过开发板上的按键控制选择相应商品，并在 LCD 屏幕上显示，进行交互输入部分的介绍。
- 实验三：上报数据到平台实验，实现 JSON 数据组装以及上报到物联网平台，进行边缘侧设备数据上传的介绍。
- 实验四：下发命令实验，实现从云侧下发命令到开发板，进行边缘侧设备数据接收的介绍。

4.1 开发环境配置

4.1.1 实验设备

实验环境包括华为云物联网平台、小熊派开发板 1 个、Wi-Fi 模组 1 个。设备名称、型号与版本的对应关系如图 4.1 所示，实施其他项目时可以根据实际情况选配其他扩展板或者模组，需要说明的是在自动售货机的实际工作

设备名称	设备型号
物联网平台	华为云设备接入服务
开发板	小熊派（BearPi）开发板 （芯片 STM32L431）
Wi-Fi 通信扩展板	Wi-Fi8266

图 4.1 设备名称和设备型号与版本的对应关系

场景中，通常会有多种通信模块同时存在，以保证网络连接的稳定性和可靠性。

4.1.2 账号注册

1. 华为云账号注册

1）打开华为云官网 https://www.huaweicloud.com/，单击右上角的"注册"，注册华为云账号，如果已有账号，直接单击"登录"，如图 4.2 所示。

图 4.2　华为云官网

2）填写相关信息，注册华为云账号，如图 4.3 所示。

图 4.3　注册信息

3）注册成功后，登录账号，单击"账号中心"→"实名认证"→"个人账号"，根据提示进行实名认证，推荐选择扫码认证或者银行卡认证，证件认证审核周期较长，如图 4.4 所示。

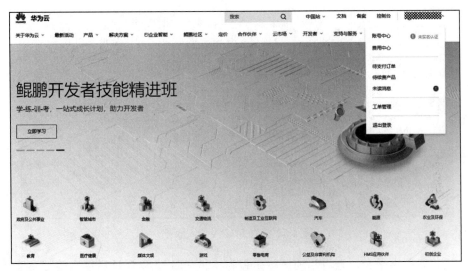

图 4.4　账号认证

2. 华为云物联网平台注册

1）选择华为云主页上方的"产品"，在下拉菜单中选择"IoT 物联网"，再选择"设备接入"，如图 4.5 所示。

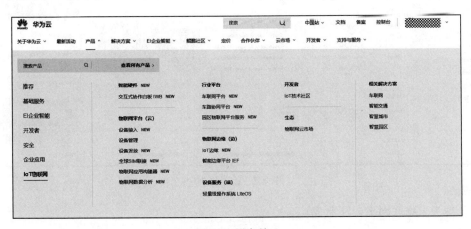

图 4.5　设备接入

2）单击"立即使用"，此处目前每月前 100 万条消息不收费，详情可单击"了解详情"进行查看，如图 4.6 所示。在实际的 IoT 工作场景中，通信费用的收取有多种方式，如按条数、按带宽等，具体需要结合实际工作要求进行选择。

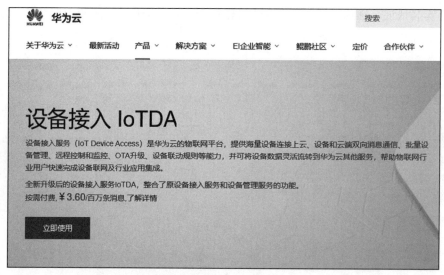

图 4.6   查看 IoTDA 接入服务

3）进入物联网平台，查看当前区域是否为"北京四"，以保证后续实验都在该区域下进行，如图 4.7 所示。不同区域，其接入的稳定性和速度都不同，通常会选择距离最终部署地比较近的服务区域。

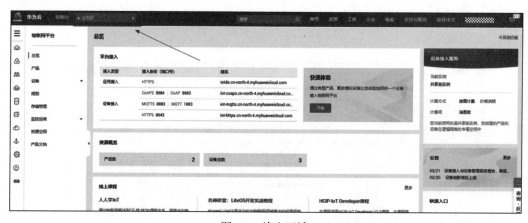

图 4.7   检查区域

4）华为云物联网平台注册成功。

4.1.3   环境配置

下载[⊖]并安装开发工具 VS Code，请下载符合工作环境的稳定版，本书实例选择

⊖   下载链接为 https://code.visualstudio.com/。

Windows 64 位稳定版。IoT Link 插件暂不支持 Linux 和 macOS 操作系统。接下来根据提示
逐步安装 VS Code，然后打开 VS Code，如图 4.8 所示。

图 4.8　VS Code 开始界面

　　将 VS Code 页面设置为中文（可选）。按下快捷键 <F1> 或者按下组合键 <Ctrl+Shift+P>，
输入 Configure Display Language，然后按回车键，单击 Install additional languages，如
图 4.9 所示。接下来，单击"中文（简体）"后面的 Install，如图 4.10 所示。

图 4.9　寻找中文语言插件

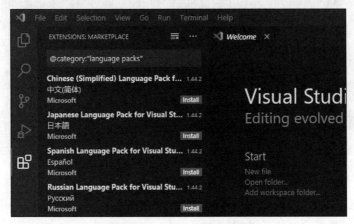

图 4.10　安装中文语言插件

等待安装完成后，重启 VS Code，如图 4.11 所示。重新打开 VS Code，进入中文界面，如图 4.12 所示。

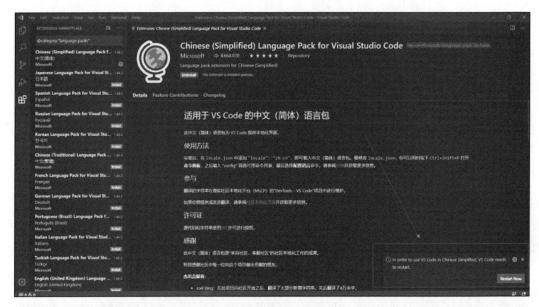

图 4.11　重启 VS Code

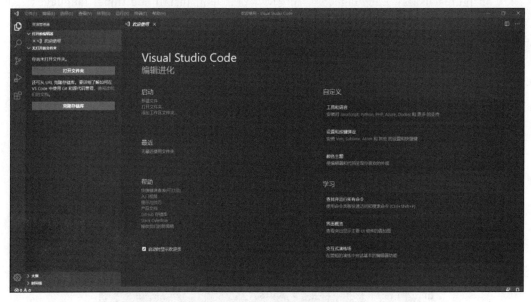

图 4.12　进入 VS Code 中文界面

接下来，完成 IoT Studio 插件的下载和安装。首先打开 VS Code 应用商店▦，搜索"IoT Link"，然后单击"安装"，如图 4.13 所示。

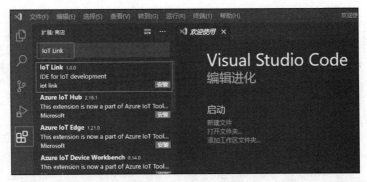

图 4.13　安装 IoT Link 插件

在首次启动时，IoT Studio 会自动从网络下载最新的 SDK 包以及 gcc 依赖环境，请确保网络可用；安装过程中请不要关闭窗口，耐心等待。安装完成后，重启 VS Code 使插件生效，如图 4.14 所示。

图 4.14　安装 IoT Link 插件的过程

也可以手动配置需要的依赖环境，单击 VS Code 底部的 Home 按钮，在弹出的界面中单击"IoT Link 设置"，可以对各个工具进行设置。

本书提供的设备侧工程代码可在网上[⊖]获取，下载后可以解压到任意硬盘的根目录下。

4.2　自动售货机商品显示

本部分包括自动售货机的各种初始化工作，本节主要利用现有工程进行导入的设置，同时进行经由 Wi-Fi 网络的云边同步配置。在实际工作中，往往还需要包括设备自检、环境检测、商品清点（盘库）等工作。

4.2.1　使用 VS Code 导入裸机工程

1）打开 VS Code，单击 VS Code 底部的 Home 按钮，如图 4.15 所示，再单击"导入 GCC 工程"。

⊖　https://bbs.huaweicloud.com/blogs/159949。

图 4.15   单击 Home 按钮

2）在工程目录中选择之前下载的 LiteOS_Lab_STM32_IoT 文件夹，Makefile 选择 targets\
STM32L431_BearPi\GCC\Makefile，硬件平台选择 STM32L431，单击"确定"按钮，如
图 4.16 所示。

图 4.16   选择 MakeFile

4.2.2   工程配置

1）右键单击 targets\STM32L431_BearPi\Demos，选择"新建文件夹"，如图 4.17 所示，
输入 oc_mqtt_demo，然后按下回车键。

2）将 LiteOS_Lab_STM32_IoT\demos\oc_mqtt_demo\oc_mqtt_v5_demo.c 文件复制到 LiteOS_
Lab_STM32_IoT\targets\STM32L431_BearPi\Demos\oc_mqtt_demo 文件夹下，如图 4.18 所示。

图 4.17 新建文件夹

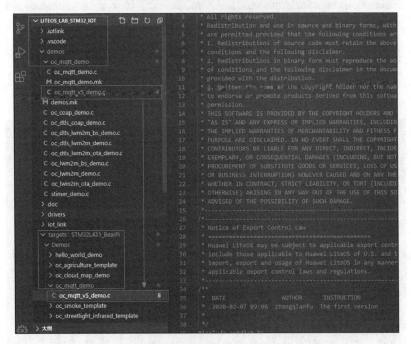

图 4.18 复制 demo 文件

3）双击打开 targets\STM32L431_BearPi\Demos\user_demo.mk，并在底部插入如下配

置，用于编译刚复制过来的 oc_mqtt_v5_demo.c ，如图 4.19 所示。

```
#example for oc mqtt
ifeq ($(CONFIG_USER_DEMO), "oc_mqtt_demo")
user_demo_src  = ${wildcard $(TOP_DIR)/targets/STM32L431_BearPi/Demos/oc_mqtt_
    demo/*.c}
user_demo_defs = -D CONFIG_DEMOS_ENABLE=1
endif
```

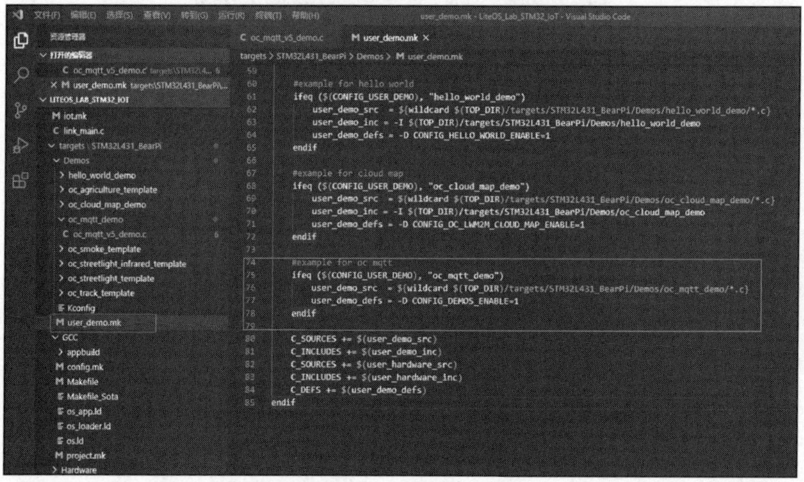

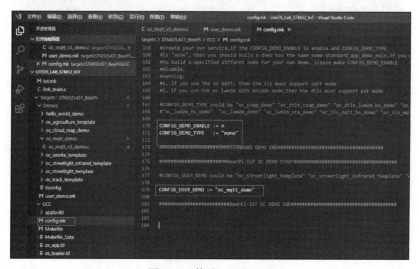

图 4.19　修改配置文件

4）双击打开 targets\STM32L431_BearPi\GCC\config.mk，将 CONFIG_DEMO_ENABLE
修改为 n；将 CONFIG_DEMO_TYPE 修改为 none；将 CONFIG_USER_DEMO 修改为 oc_
mqtt_demo，如图 4.20 所示。

图 4.20　修改 config.mk

4.2.3　在平台上创建产品

1）打开注册的物联网平台，单击左侧的"产品"，单击"创建产品"按钮，如图 4.21 所示。

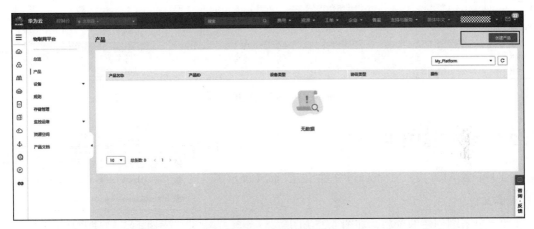

图 4.21　创建产品

2）填写产品信息，协议类型选择 MQTT，数据格式选择 JSON，其余参数自定义，需使用字母和数字的组合，自行创建产品，如图 4.22 所示。

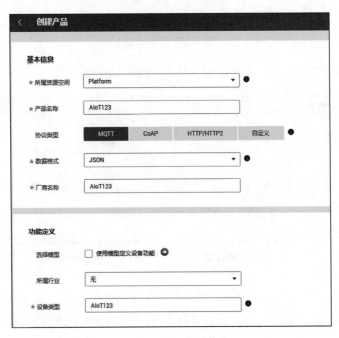

图 4.22　填写产品信息

3）可以看到创建成功的产品，如图 4.23 所示。

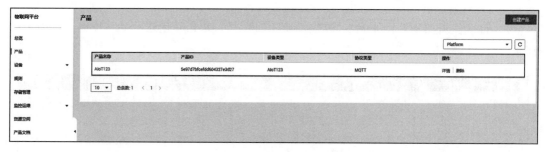

图 4.23 创建成功的产品

4.2.4 导入模型文件

1）下载 AIoT123_Model.zip 文件$^{\ominus}$，图 4.24 展示了相应的文件。

2）单击刚创建的产品，如图 4.25 所示。

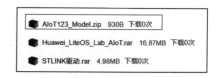

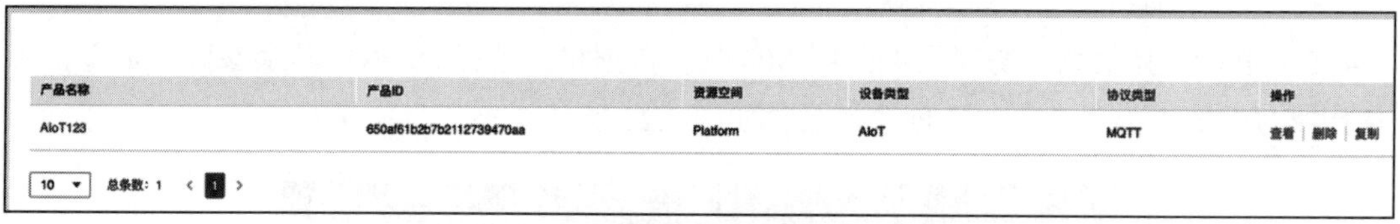

图 4.24 下载模型文件

图 4.25 产品介绍

3）单击"模型定义"→"上传模型文件"，如图 4.26 所示。

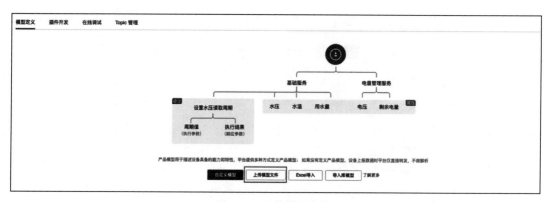

图 4.26 上传模型文件

4）单击"…"上传模型文件，单击"确认"按钮，如图 4.27 所示。

$\ominus$ 模型文件下载链接为 https://bbs.huaweicloud.com/blogs/174611。

图 4.27　上传模型文件

5）成功上传模型文件，可以看到订单中的所有字段，如图 4.28 所示。

图 4.28　查看订单中的所有字段

4.2.5　注册设备

1）进入"设备→所有设备"页面，单击"注册设备"，填写设备注册参数，单击"确定"按钮，如图 4.29 所示。

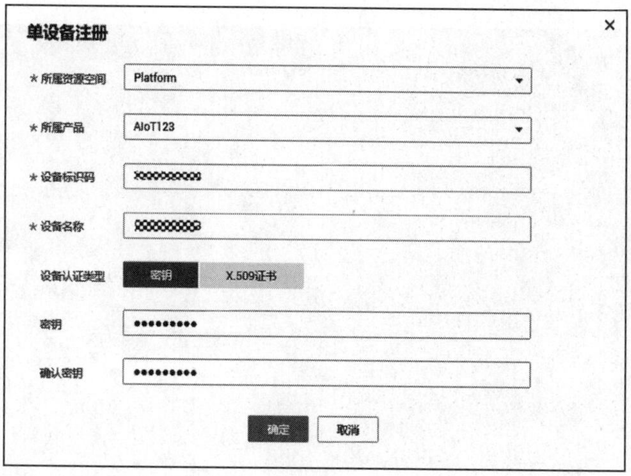

图 4.29　填写注册设备参数

2）所属产品：选择上一步创建的产品模型。设备标识码：自定义，填写任意包含数字或英文字母的字符串，后面会用到。密钥：自定义，填写任意包含数字或英文字母的字符串，后面会用到。注册设备成功，复制设备 ID 和密钥，自行保存到本地，单击"确定"按钮，如图 4.30 所示。

图 4.30　设备注册成功

3）在"所有设备"中可以看到注册的设备，如图 4.31 所示。

	状态 ⑦	设备名称	设备标识码	设备 ID	所属资源空间 ▽	所属产品 ▽	节点类型 ▽	操作
□	● 未激活	AIoT123	AIoT123		Platform	AIoT123	直连设备	详情 | 删除 | 更多 ▽

10 ▽　总条数：1　‹ **1** ›

图 4.31　查看注册的设备

4.2.6　在代码中修改设备信息

打开 targets\STM32L431_BearPi\Demos\oc_mqtt_v5_demo.c 文件，将 CN_EP_DEVICEID 修改为在物联网平台注册设备时生成的设备 ID，将 CN_EP_PASSWD 修改为在物联网平台注册设备时填写的密钥，如图 4.32 所示。

图 4.32　修改注册设备信息

4.2.7　配置 Wi-Fi 用户名、密码

双击打开 LiteOS_Lab_STM32_IoT\iot_link\network\tcpip\esp8266_socket_imp.c，将 CONFIG_WIFI_SSID 修改为热点用户名，将 CONFIG_WIFI_PASSWD 修改为热点密码，此处只能使用用户名、密码加密方式认证的 Wi-Fi，不能使用其他加密方式的 Wi-Fi（如可使用手机热点方式，数据量不大，不会占用太多个人流量），如图 4.33 所示。

图 4.33　配置 Wi-Fi 用户名、密码

4.2.8　添加 LCD 屏幕显示

在使用 LCD 屏幕前需要对其进行基本的配置和初始化工作。

1）打开 oc_mqtt_v5_demo.c，添加头文件 stdlib.h 和 lcd.h，如图 4.34 所示。

```
#include <stdlib.h>
#include <lcd.h>
```

2）添加商品显示所需的变量并初始化，如图 4.35 所示。

```
static int X[2] = {10,120};
static int Y[7] = {10,40,70,100,130,160,190};
static int goodsOptionX = 10;
static int goodsOptionY = 10;
```

```
char* goodsView[10] = {"water 1","cola 3","tea 3","coffee 5","milk 4","juice
    3","yogurt 4","bread 7","sandwich 7","sugar 2"};
char* Submit_View[2] = {"Submit","Cancel"};
int Goods_Price[10] = {1,3,3,5,4,3,4,7,7,2};
int goods_position[10] = {0,1,2,3,4,5,6,7,8,9};
```

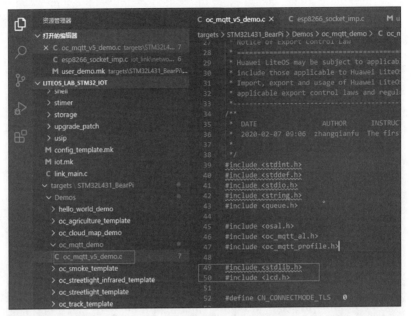

图 4.34　添加 LCD 屏幕头文件

```
160   static int X[2] = {10,120};
161   static int Y[7] = {10,40,70,100,130,160,190};
162   static int goodsOptionX = 10;
163   static int goodsOptionY = 10;
164   char* goodsView[10] = {"water 1","cola 3","tea 3","coffee 5","milk 4","juice 3","yogurt 4","bread 7","sandwich 7","sugar 2"};
165   char* Submit_View[2] = {"Submit","Cancel"};
166   int Goods_Price[10] = {1,3,3,5,4,3,4,7,7,2};
167   int goods_position[10] = {0,1,2,3,4,5,6,7,8,9};
```

图 4.35　添加商品显示变量并初始化

3）添加 LCD 初始化并显示连接平台的代码，如图 4.36 所示。

```
LCD_Init();
LCD_Clear(BLACK);
POINT_COLOR = GREEN;
LCD_ShowString(X[0], Y[3], 240, 24, 24, "Connecting to");
LCD_ShowString(X[0], Y[4], 240, 24, 24, "IoT Platform...");
```

4）添加连接失败 LCD 显示代码，如图 4.37 所示。

```
LCD_Clear(BLACK);
LCD_ShowString(10, Y[3], 240, 24, 24, "Connect IoT Platform");
LCD_ShowString(10, Y[4], 240, 24, 24, "failed, Please Reset!");
```

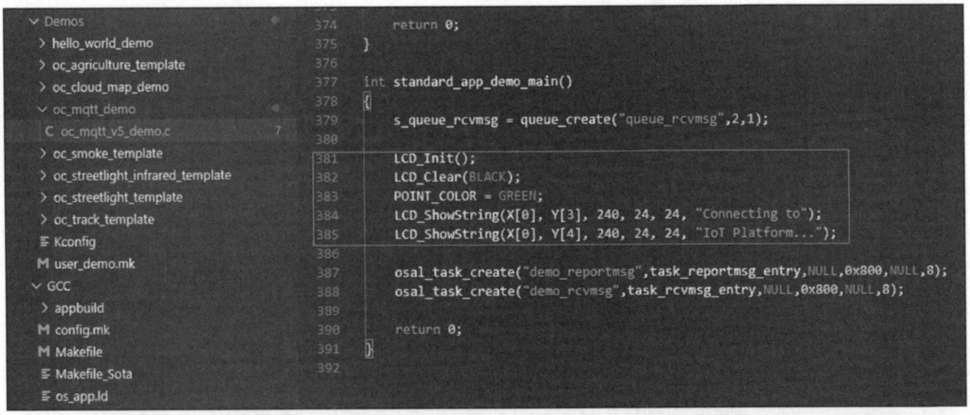

图 4.36　添加 LCD 初始化并显示连接平台的代码

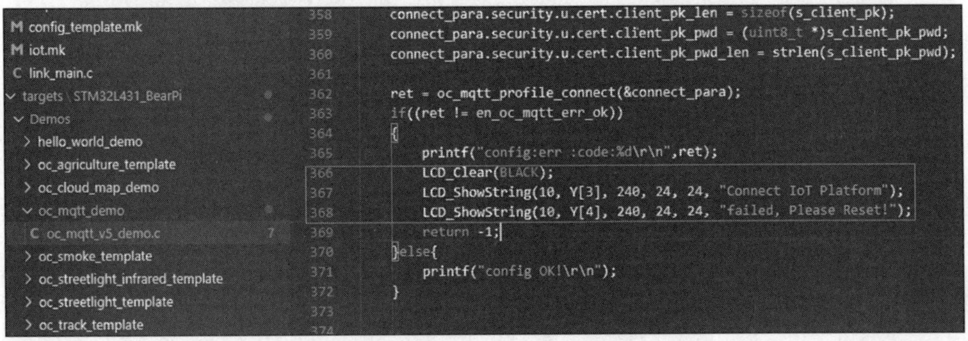

图 4.37　添加连接 LCD 失败的显示代码

4.2.9　添加显示商品代码

添加显示商品代码，如图 4.38 所示。

```
LCD_Clear(BLACK);
for(int i=0;i<10;i++){
    if(i<5)
    {
        LCD_ShowString(X[0], Y[i], 240, 24, 24, goodsView[goods_position[i]]);
    }
    Else
    {
        LCD_ShowString(X[1], Y[i-5], 240, 24, 24, goodsView[goods_position[i]]);
    }
}
LCD_ShowString(X[0], Y[5], 240, 24, 24, Submit_View[0]);
LCD_ShowString(X[1], Y[5], 240, 24, 24, Submit_View[1]);
LCD_ShowString(X[0]-10, goodsOptionY, 10, 24, 24, "*");
LCD_ShowxNum(X[1], Y[6], 0, 3, 24, 1);
```

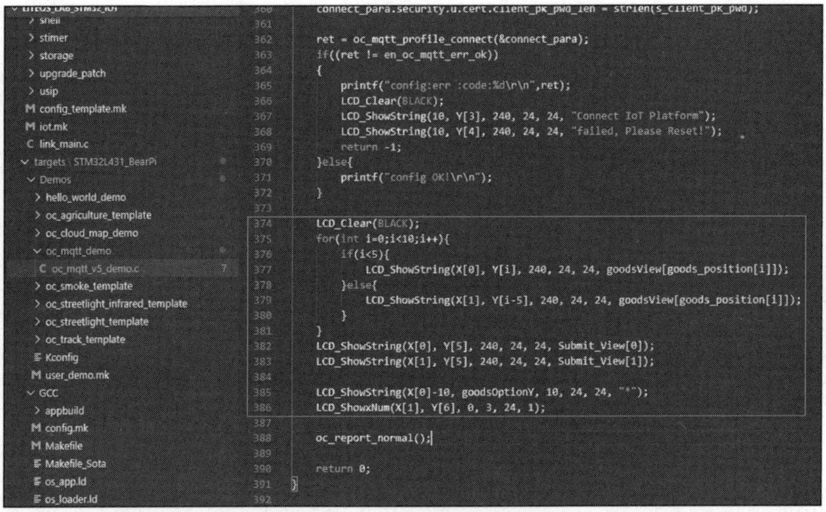

图 4.38　添加显示商品代码

4.2.10　编译程序与烧录

单击 VS Code 底部的 🏗 Build 进行编译，等待提示编译成功，如图 4.39 所示。

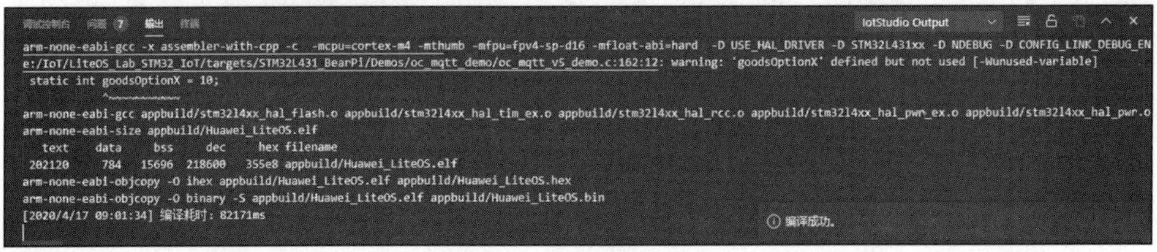

图 4.39　编译程序

具体烧录步骤如下。

1）将 Wi-Fi8266 通信扩展板按正确方向插到小熊派开发板上，并将串口模式的切换开关拨到 AT-MCU 模式，开启 Wi-Fi 热点或路由器，如图 4.40 所示。

图 4.40　开启 Wi-Fi

2）将开发板用 USB 线连接到计算机上，单击 VS Code 底部的  进行烧录，等到提示烧录成功，如图 4.41 所示。

图 4.41　烧录代码

3）烧录不成功，请检查 USB 连线，尝试重新插拔，重新烧录。等待开发板上的 LCD 屏幕显示商品信息，如图 4.42 所示。

4）登录华为云物联网平台，可以看到图 4.43 所示的设备已经在线，实验成功。

图 4.42　等待 LCD 显示商品信息

图 4.43　登录华为云物联网平台

4.3　商品选择

经由交互控制的商品选择工作相对简单，只需要添加按键检测函数，即可实现商品的选择。为简化起见，本节仅介绍与按键选择对应的商品选择控制。在实际工作中，不但以包含多个商品的订单为单位进行数据的组织和管理，即通过购物车的方式组成订单，还需要支持对订单进行增删改查的各种操作。

1）开发板上有按键 F1（GPIOB，GPIO_PIN_2）和按键 F2（GPIOB，GPIO_PIN_3），可通过按键 F1 来选择商品，通过按键 F2 来确定添加购物车。在 oc_mqtt_v5_demo.c 中添加按键检测函数 key_detect，如图 4.44 所示。

```
static int key_detect(void *args)
{
    while(1) {
        // 查询按键 KEY1 低电平
```

```
if(HAL_GPIO_ReadPin(GPIOB,GPIO_PIN_2)==GPIO_PIN_RESET)
{
    osal_task_sleep(50);
    // 查询按键 KEY1 低电平
    if(HAL_GPIO_ReadPin(GPIOB,GPIO_PIN_2)==GPIO_PIN_RESET)
    {
        for(int i=0;i<6;i++){
            if(goodsOptionY==Y[i]&&i<5){
                LCD_ShowString(goodsOptionX-10, goodsOptionY, 10, 24, 24, " ");
                goodsOptionY=Y[i+1];
                LCD_ShowString(goodsOptionX-10, goodsOptionY, 10, 24, 24, "*");
                break;
            }else if(goodsOptionY==Y[i]&&i==5){
                LCD_ShowString(goodsOptionX-10, goodsOptionY, 10, 24, 24, " ");
                goodsOptionY=Y[0]; goodsOptionX=(goodsOptionX==X[0])?X[1]
                    :X[0];
                LCD_ShowString(goodsOptionX-10, goodsOptionY, 10, 24, 24, "*");
            }
        }
    }
}
osal_task_sleep(50);
}
return 0;
}
```

```
393  static int key_detect(void *args)
394  {
395      while(1)
396      {
397          if(HAL_GPIO_ReadPin(GPIOB,GPIO_PIN_2)==GPIO_PIN_RESET)//查询按键KEY1低电平
398          {
399              osal_task_sleep(50);
400              if(HAL_GPIO_ReadPin(GPIOB,GPIO_PIN_2)==GPIO_PIN_RESET)//查询按键KEY1低电平
401              {
402                  for(int i=0;i<6;i++){
403                      if(goodsOptionY==Y[i]&&i<5){
404                          LCD_ShowString(goodsOptionX-10, goodsOptionY, 10, 24, 24, " ");
405                          goodsOptionY=Y[i+1];
406                          LCD_ShowString(goodsOptionX-10, goodsOptionY, 10, 24, 24, "*");
407                          break;
408                      }else if(goodsOptionY==Y[i]&&i==5){
409                          LCD_ShowString(goodsOptionX-10, goodsOptionY, 10, 24, 24, " ");
410                          goodsOptionY=Y[0];
411                          goodsOptionX=(goodsOptionX==X[0])?X[1]:X[0];
412                          LCD_ShowString(goodsOptionX-10, goodsOptionY, 10, 24, 24, "*");
413                      }
414                  }
415              }
416          }
417          osal_task_sleep(50);
418      }
419      return 0;
420  }
421
422  int standard_app_demo_main()
423  {
424      s_queue_rcvmsg = queue_create("queue_rcvmsg",2,1);
425
```

图 4.44   添加按键检测函数

2）在 standard_app_demo_main 中添加创建按键检测任务的代码，并修改上报数据任务的初始化内存大小为 0x1200，如图 4.45 所示。

```
osal_task_create("key_detect",key_detect,NULL,0x500,NULL,8);
```

```
422  int standard_app_demo_main()
423  {
424      s_queue_rcvmsg = queue_create("queue_rcvmsg",2,1);
425
426      LCD_Init();
427      LCD_Clear(BLACK);
428      POINT_COLOR = GREEN;
429      LCD_ShowString(X[0], Y[3], 240, 24, 24, "Connecting to");
430      LCD_ShowString(X[0], Y[4], 240, 24, 24, "IoT Platform...");
431
432      osal_task_create("key_detect",key_detect,NULL,0x500,NULL,8);
433
434      osal_task_create("demo_reportmsg",task_reportmsg_entry,NULL,0x1200,NULL,8);
435      osal_task_create("demo_rcvmsg",task_rcvmsg_entry,NULL,0x800,NULL,8);
436
437      return 0;
438  }
439
```

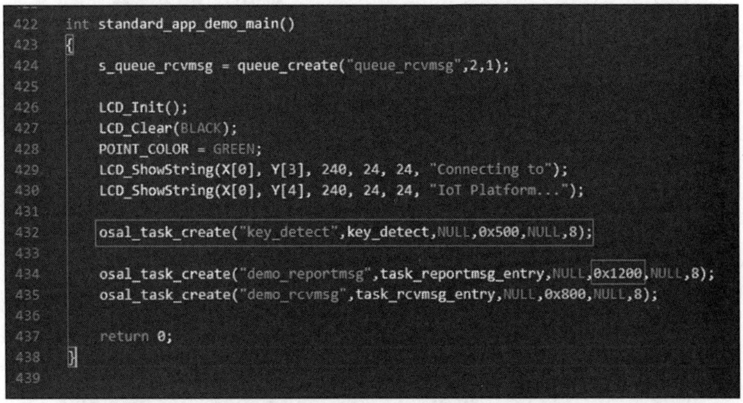

图 4.45　修改上报数据任务的初始化内存大小

3）编译烧录，提示成功后，开启 Wi-Fi 热点，在小熊派开发板上使用按键 F1 选择商品。

4.4　上报数据

数据上报工作相对简单，即将采集好的数据按照约定格式进行整理、填充后，通过网络提交即可，若要考虑人机交互的友好性，则可以由用户确认后进行操作以触发提交。

4.4.1　添加上报数据所需的变量代码

1）在函数 oc_report_normal 中为每一个订单字段定义用于拼装 JSON 数据的变量，如图 4.46 所示。

```
oc_mqtt_profile_kv_t orderID_List;
oc_mqtt_profile_kv_t userID_List;
oc_mqtt_profile_kv_t userAge_List;
oc_mqtt_profile_kv_t deviceID_List;
oc_mqtt_profile_kv_t area_List;
oc_mqtt_profile_kv_t Region_List;
oc_mqtt_profile_kv_t Longitude_List;
oc_mqtt_profile_kv_t Latitude_List;
oc_mqtt_profile_kv_t orderTime_List;
oc_mqtt_profile_kv_t Pay_List;
oc_mqtt_profile_kv_t Goods_Num_List[10];
oc_mqtt_profile_kv_t Goods_Price_List[10];
oc_mqtt_profile_kv_t Status_List;
oc_mqtt_profile_kv_t Total_Cost_List;
```

图 4.46   定义用于拼装 JSON 数据的变量

2）添加初始化服务代码，如图 4.47 所示。

```
/// 初始化服务
s_device_service.event_time = NULL;
s_device_service.service_id = "order";
s_device_service.service_property = &orderID_List;
s_device_service.nxt = NULL;
```

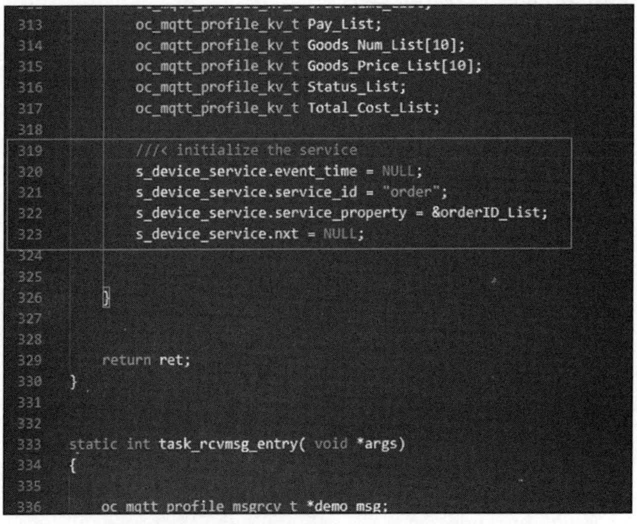

图 4.47   添加初始化服务代码

3）继续添加每一个订单数据所需的变量，如图 4.48 所示。

```
int orderID = 10000001;
int userID = 123456;
int userAge = 23;
char* deviceID = "WZ_1-001";
char* area = "WZ";
char* Regions[] = {"School","Mall","Hospital","Community","Industry","Park","Sta
    tion"};
int Region_Random = 0;
int longitude = 120.65;
int latitude = 28.02;
int orderTime = 9335848;
int orderTime1 = 157255;
char* Pay[] = {"Cash","WeChat","Alipay","UnionPay"};
int pay_Random = 0;
int Status = 0;
int Total_Num = 0;
int Total_Cost = 0;
int Goods_Num[10] = {0};
char* Goods_Num_String[10] = {"water_Num","cola_Num","tea_Num","coffee_Num",
    "milk_Num","juice_Num","yogurt_Num","bread_Num","sanwiches_Num","sugar_
    Num"};
char* Goods_Price_String[10] = {"water_Price","cola_Price","tea_Price","coffee_Price",
    "milk_Price","juice_Price","yogurt_Price","bread_Price","sanwiches_Price",
    "sugar_Price"};
char orderID_string[9];
char userID_string[6];
char orderTime_string[13];
```

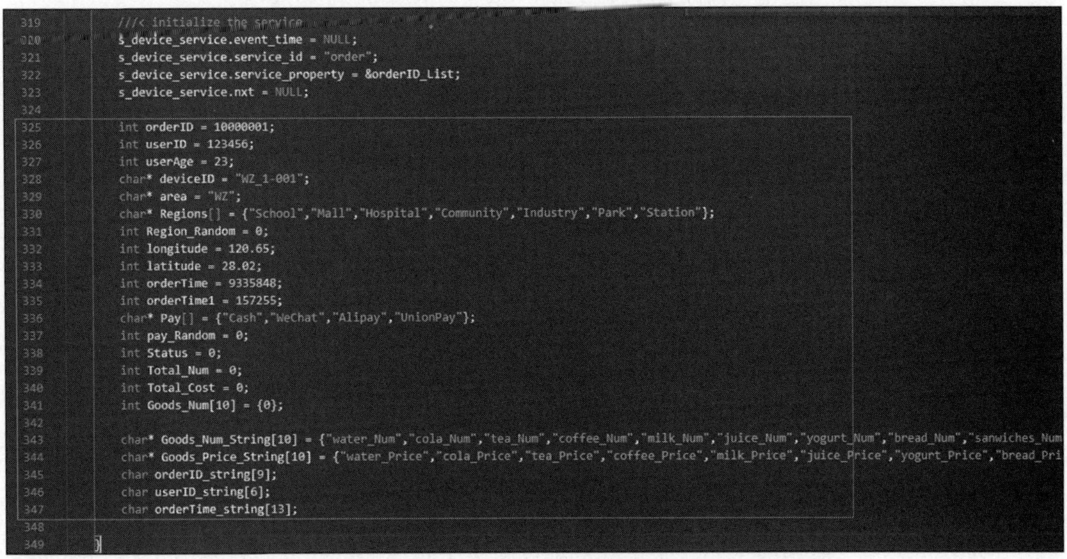

图 4.48　添加每一个订单数据所需的变量

4.4.2　添加购物车工程代码

1）在函数 oc_report_normal 中添加 F2 键循环监测和将商品加入购物车的代码，如图 4.49 所示。

```
347          char userID_string[6];
348          char orderTime_string[13];
349    while(1)
350          {
351              osal_task_sleep(50);
352              if(HAL_GPIO_ReadPin(GPIOB,GPIO_PIN_3)==GPIO_PIN_RESET)//查询按键KEY2低电平
353              {
354                  osal_task_sleep(50);
355                  if(HAL_GPIO_ReadPin(GPIOB,GPIO_PIN_3)==GPIO_PIN_RESET)//查询按键KEY2低电平
356                  {
357                      if(goodsOptionY==Y[5]){

358
359                      }else {
360                          for(int i=0;i<10;i++){
361                              if(goodsOptionX==X[0]){
362                                  if(goodsOptionY==Y[i]){
363                                      Goods_Num[goods_position[i]]++;
364                                      Total_Num++;
365                                      Total_Cost+=Goods_Price[goods_position[i]];
366                                      LCD_ShowxNum(X[1], Y[6], Total_Num, 3, 24, 1);
367                                      break;
368                                  }
369                              }else{
370                                  if(goodsOptionY==Y[i-5]){
371                                      Goods_Num[goods_position[i]]++;
372                                      Total_Num++;
373                                      Total_Cost+=Goods_Price[goods_position[i]];
374                                      LCD_ShowxNum(X[1], Y[6], Total_Num, 3, 24, 1);
375                                      break;
376                                  }
```

图 4.49　添加 F2 键循环监测和将商品加入购物车的代码

2）编译烧录程序，开启 Wi-Fi 热点，可以使用 F1 键选择商品，使用 F2 键将商品添加到购物车，在 LCD 屏幕右下角可以看到数量增加，如图 4.50 所示。

图 4.50　烧录代码实验

添加组装 JSON 数据的代码，本书在该部分展示了相应的代码截图，如图 4.51 和图 4.52 所示。

```
347         char orderTime_string[13];
348
349         while(1)
350         {
351             osal_task_sleep(50);
352             if(HAL_GPIO_ReadPin(GPIOB,GPIO_PIN_3)==GPIO_PIN_RESET)//查询按键KEY2低电平
353             {
354                 osal_task_sleep(50);
355                 if(HAL_GPIO_ReadPin(GPIOB,GPIO_PIN_3)==GPIO_PIN_RESET)//查询按键KEY2低电平
356                 {
357                     if(goodsOptionY==Y[5]){
358
359                         sprintf(orderID_string,"%8d",orderID);
360                         orderID_List.key = "orderID";
361                         orderID_List.value = (char *)orderID_string;
362                         orderID_List.type = EN_OC_MQTT_PROFILE_VALUE_STRING;
363                         orderID_List.nxt = &userID_List;
364
365                         pay_Random = rand()%3;
366                         userID = rand()%1000000;
367                         sprintf(userID_string,"%06d",userID);
368                         userID_List.key = "userID";
369                         userID_List.value = (char *)userID_string;
370                         userID_List.type = EN_OC_MQTT_PROFILE_VALUE_STRING;
371                         userID_List.nxt = &userAge_List;
372
373                         userAge_List.key = "userAge";
374                         userAge_List.value = (char *)&userAge;
375                         userAge_List.type = EN_OC_MQTT_PROFILE_VALUE_INT;
376                         userAge_List.nxt = &deviceID_List;
377
378                         deviceID_List.key = "deviceID";
379                         deviceID_List.value = (char *)deviceID;
380                         deviceID_List.type = EN_OC_MQTT_PROFILE_VALUE_STRING;
381                         deviceID_List.nxt = &area_List;
```

图 4.51　添加组装 JSON 数据的代码 1

```
426                     for(int i=0;i<10;i++){
427                         Goods_Num_List[i].key = Goods_Num_String[i];
428                         Goods_Num_List[i].value = (char *)&Goods_Num[i];
429                         Goods_Num_List[i].type = EN_OC_MQTT_PROFILE_VALUE_INT;
430                         Goods_Num_List[i].nxt = &Goods_Price_List[i];
431                         Goods_Price_List[i].key = Goods_Price_String[i];
432                         Goods_Price_List[i].value = (char *)&Goods_Price[i];
433                         Goods_Price_List[i].type = EN_OC_MQTT_PROFILE_VALUE_INT;
434                         if(i<9){
435                             Goods_Price_List[i].nxt = &Goods_Num_List[i+1];
436                         }
437                     }
438                     Goods_Price_List[9].nxt = &Status_List;
439
440                     Status_List.key = "status";
441                     Status_List.value = (char *)&Status;
442                     Status_List.type = EN_OC_MQTT_PROFILE_VALUE_INT;
443                     Status_List.nxt = &Total_Cost_List;
444
445                     Total_Cost_List.key = "totalCost";
446                     Total_Cost_List.value = (char *)&Total_Cost;
447                     Total_Cost_List.type = EN_OC_MQTT_PROFILE_VALUE_INT;
448                     Total_Cost_List.nxt = NULL;
449
450                 }else {
451                     for(int i=0;i<10;i++){
452                         if(goodsOptionX==X[0]){
453                             if(goodsOptionY==Y[i]){
454                                 Goods_Num[goods_position[i]]++;
455                                 Total_Num++;
456                                 Total_Cost+=Goods_Price[goods_position[i]];
```

图 4.52　添加组装 JSON 数据的代码 2

添加数据上报代码，如图 4.53 所示。

```
ret = oc_mqtt_profile_propertyreport(NULL,&s_device_service);
printf("%s\r\n","My report success");
```

```
445                                    Total_Cost_List.key = "totalCost";
446                                    Total_Cost_List.value = (char *)&Total_Cost;
447                                    Total_Cost_List.type = EN_OC_MQTT_PROFILE_VALUE_INT;
448                                    Total_Cost_List.nxt = NULL;
449
450                                    ret = oc_mqtt_profile_propertyreport(NULL,&s_device_service);
451
452                                    printf("%s\r\n","My report success");
453
454                            }else {
455                                    for(int i=0;i<10;i++){
456                                            if(goodsOptionX==X[0]){
```

图 4.53　添加数据上报代码

4.4.3　添加购物车清空功能代码

提交成功后可以清空购物车，也可以等待云侧返回确认信息或者下达命令后再清空购物车，如图 4.54 所示。

```
Total_Cost = 0;
Total_Num = 0;
orderID++;
orderTime += 1000;
for(int i=0;i<10;i++){
    Goods_Num[i]=0;
}
LCD_ShowxNum(X[1], Y[6], Total_Num, 3, 24, 1);
LCD_ShowString(goodsOptionX-10, goodsOptionY, 10, 24, 24, " ");
goodsOptionX = X[0];
goodsOptionY = Y[0];
LCD_ShowString(goodsOptionX-10, goodsOptionY, 10, 24, 24, "*");
```

```
450                                    ret = oc_mqtt_profile_propertyreport(NULL,&s_device_service);
451
452                                    printf("%s\r\n","My report success");
453
454                                    Total_Cost = 0;
455                                    Total_Num = 0;
456                                    orderID++;
457                                    orderTime += 1000;
458                                    for(int i=0;i<10;i++){
459                                            Goods_Num[i]=0;
460                                    }
461                                    LCD_ShowxNum(X[1], Y[6], Total_Num, 3, 24, 1);
462                                    LCD_ShowString(goodsOptionX-10, goodsOptionY, 10, 24, 24, " ");
463                                    goodsOptionX = X[0];
464                                    goodsOptionY = Y[0];
465                                    LCD_ShowString(goodsOptionX-10, goodsOptionY, 10, 24, 24, "*");
466
467                            }else {
468                                    for(int i=0;i<10;i++){
469                                            if(goodsOptionX==X[0]){
470                                                    if(goodsOptionY==Y[i]){
```

图 4.54　添加购物车清空功能代码

打开 Wi-Fi 热点，使用 F2 键将商品添加到购物车后，使用 F1 键选择到 Submit 处，按 F2 键提交订单，在云侧物联网平台上刷新可以看到最新上报的订单信息。

4.5 下发命令

从云侧平台下发命令有两种情况,或者针对边缘侧提交的设备进行响应和回复,或者进行边缘侧设备配置或商品信息的更新。对于新增命令的情况,则需要在边缘侧设备进行响应命令的程序更新,再从云侧平台下发命令。本节主要对新增命令的方式进行介绍和说明。

4.5.1 任务配置步骤

1)设备侧添加命令处理代码。在 oc_mqtt_v5_demo.c 中添加 cJSON 的头文件,如图 4.55 所示。

```
#include <cJSON.h>
```

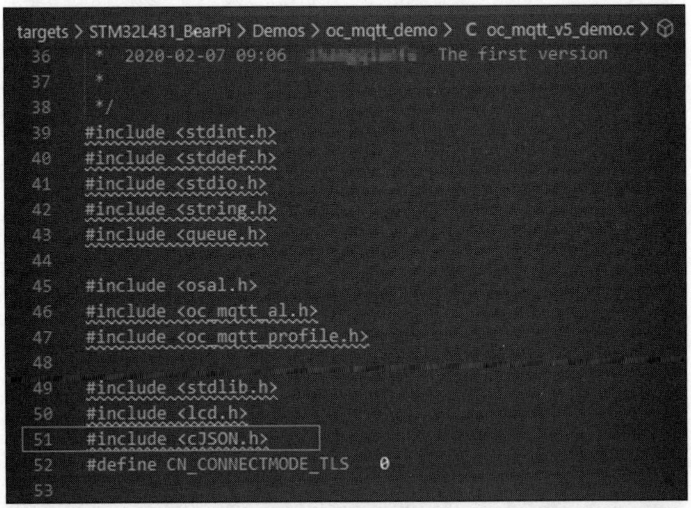

图 4.55 添加头文件

在 oc_cmd_normal 函数中添加取出命令内容的代码,如图 4.56 所示。

```
char temp[20];
cJSON  *cmd_value = NULL;
cJSON  *paras = NULL;
paras = cJSON_GetObjectItem(cJSON_Parse((char *)demo_msg->msg), "paras");
cmd_value = cJSON_GetObjectItem(paras, "cmd_value");
```

2)添加命令处理的代码,如图 4.57 所示。

```
sprintf(temp,"%s",cmd_value->valuestring);
for(int i=0;i<10;i++){
    goods_position[i] = temp[i]-'0';
}
```

```
LCD_Clear(BLACK);
POINT_COLOR = GREEN;
for(int i=0;i<10;i++){
    if(i<5){
        LCD_ShowString(X[0], Y[i], 240, 24, 24, goodsView[goods_position[i]]);
    }else{
        LCD_ShowString(X[1], Y[i-5], 240, 24, 24, goodsView[goods_position[i]]);
    }
}
LCD_ShowString(X[0], Y[5], 240, 24, 24, Submit_View[0]);
LCD_ShowString(X[1], Y[5], 240, 24, 24, Submit_View[1]);
LCD_ShowString(X[0]-10, goodsOptionY, 10, 24, 24, "*");
LCD_ShowxNum(X[1], Y[6], 0, 3, 24, 1);
```

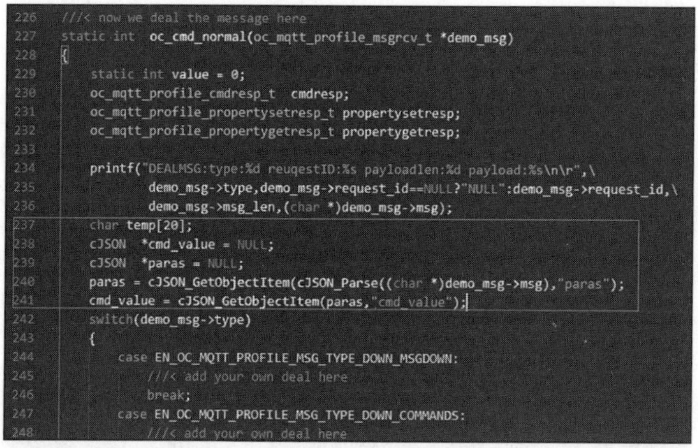

```
///< now we deal the message here
static int  oc_cmd_normal(oc_mqtt_profile_msgrcv_t *demo_msg)
{
    static int value = 0;
    oc_mqtt_profile_cmdresp_t  cmdresp;
    oc_mqtt_profile_propertysetresp_t propertysetresp;
    oc_mqtt_profile_propertygetresp_t propertygetresp;

    printf("DEALMSG:type:%d reuqestID:%s payloadlen:%d payload:%s\n\r",\
            demo_msg->type,demo_msg->request_id==NULL?"NULL":demo_msg->request_id,\
            demo_msg->msg_len,(char *)demo_msg->msg);
    char temp[20];
    cJSON  *cmd_value = NULL;
    cJSON  *paras = NULL;
    paras = cJSON_GetObjectItem(cJSON_Parse((char *)demo_msg->msg),"paras");
    cmd_value = cJSON_GetObjectItem(paras,"cmd_value");
    switch(demo_msg->type)
    {
        case EN_OC_MQTT_PROFILE_MSG_TYPE_DOWN_MSGDOWN:
            ///< add your own deal here
            break;
        case EN_OC_MQTT_PROFILE_MSG_TYPE_DOWN_COMMANDS:
            ///< add your own deal here
```

图 4.56　添加取出命令内容的代码

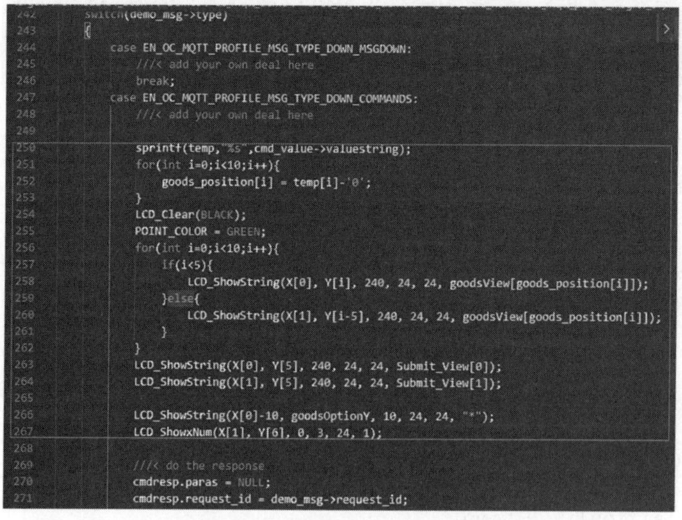

```
    switch(demo_msg->type)
    {
        case EN_OC_MQTT_PROFILE_MSG_TYPE_DOWN_MSGDOWN:
            ///< add your own deal here
            break;
        case EN_OC_MQTT_PROFILE_MSG_TYPE_DOWN_COMMANDS:
            ///< add your own deal here

            sprintf(temp,"%s",cmd_value->valuestring);
            for(int i=0;i<10;i++){
                goods_position[i] = temp[i]-'0';
            }
            LCD_Clear(BLACK);
            POINT_COLOR = GREEN;
            for(int i=0;i<10;i++){
                if(i<5){
                    LCD_ShowString(X[0], Y[i], 240, 24, 24, goodsView[goods_position[i]]);
                }else{
                    LCD_ShowString(X[1], Y[i-5], 240, 24, 24, goodsView[goods_position[i]]);
                }
            }
            LCD_ShowString(X[0], Y[5], 240, 24, 24, Submit_View[0]);
            LCD_ShowString(X[1], Y[5], 240, 24, 24, Submit_View[1]);

            LCD_ShowString(X[0]-10, goodsOptionY, 10, 24, 24, "*");
            LCD_ShowxNum(X[1], Y[6], 0, 3, 24, 1);

            ///< do the response
            cmdresp.paras = NULL;
            cmdresp.request_id = demo_msg->request_id;
```

图 4.57　添加命令处理代码

3）编译烧录，等待提示烧录成功，打开 Wi-Fi 热点继续工作。

4.5.2　使用 API Explorer 调用平台接口

1）打开 API Explorer[⊖]，在搜索框中输入"设备接入"，并单击搜索到的结果，如图 4.58 所示。

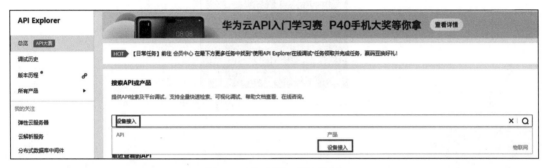

图 4.58　打开接口调用平台

2）找到设备命令 CreateCommand，填写 device_id 为物联网平台中注册的设备 ID，填写参数 paras 为 {"cmd_value": "9123456780"}，单击调试；其中数字为商品顺序，可以自定义，如图 4.59 所示。

图 4.59　填写设备 ID 和参数并进行测试

3）其中 cmd_value 的值对应需要调整商品在 LCD 屏幕上显示的顺序；单击 Send 即可看

⊖　链接为 https://apiexplorer.developer.huaweicloud.com/apiexplorer/overview。

到在 LCD 屏幕上商品显示顺序做了相应的调整，water 和 sugar 的位置互换了，如图 4.60
所示。

图 4.60　在 LCD 屏幕上查看显示结果

第 5 章

面向 ModelArts 的 AIoT 智能模型运用

AIoT 的本质是将云侧强大的智能分析和处理能力与边缘侧设备的高效交互实施能力结合。第 4 章中对于边缘侧设备的配置、开发进行了介绍。本章主要讲述云侧各种人工智能服务的调用，即华为 ModelArts 服务的开发基础。首先对 ModelArts 平台进行简要介绍，包括平台的架构以及关于 AI 开发的流程，继而按照工程开发的实践流程，具体介绍数据处理、模型开发和模型部署的操作流程。

5.1 ModelArts 基础介绍

5.1.1 ModelArts 概述

ModelArts 是华为面向 AI 开发者的"一站式"开发平台，提供海量数据预处理及半自动化标注、大规模分布式训练、自动化模型生成及云边模型按需部署能力，帮助用户快速创建和部署模型，管理全周期 AI 工作流。"一站式"是指 AI 开发的各个环节（包括数据处理、算法开发、模型训练、模型部署）都可以在 ModelArts 上完成。

从技术实施的角度而言，ModelArts 底层支持各种异构计算资源，开发者可以根据需要灵活地选择和使用，而不需要关心底层的技术细节。同时，ModelArts 支持 TensorFlow、PyTorch、MindSpore 等主流开源的 AI 开发框架，也支持开发者使用自研的算法框架，匹配用户的使用习惯。ModelArts 的运用理念就是让开发者摆脱各种专业技术细节，使其关注 AI 智能在具体业务场景中的有效运用。

面向不同经验的 AI 开发者，ModelArts 都提供了便捷易用的使用方式。例如，业务开发者无须关注模型或编码，即可使用自动学习流程快速构建 AI 应用；AI 初学者则不需要关注模型开发，可直接使用预置算法构建 AI 应用；AI 工程师可以选择 ModelArts 提供的多种开发环境，利用多种操作流程和模式进行编码扩展，快速构建模型及应用。

1. 产品架构

如图 5.1 所示，ModelArts 作为"一站式"AI 开发平台，能够支撑开发者从数据到 AI 应用的全流程开发过程，包含数据处理、模型训练、模型管理、模型部署等操作，并且提供 AI Gallery 功能预置常用模型和算法，方便直接获取和使用 AI 模型，用户也可以将自己开发的模型、算法或数据集在市场内与其他开发者分享。同时 ModelArts 支持包括图像分类、物体检测、视频分析、语音识别、产品推荐、异常检测等多种 AI 应用场景。

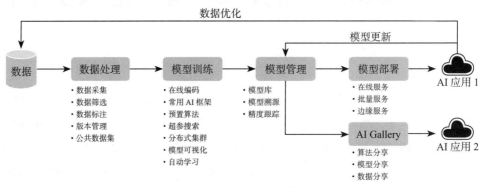

图 5.1　ModelArts 架构

2. 平台功能

烦琐的 AI 工具安装和配置过程、数据准备、模型训练慢等是困扰 AI 工程师的诸多难题。为解决这些难题，ModelArts 旨在为开发者提供涵盖 AI 开发全流程的开"箱"即用的简约模式，包含数据处理、算法开发、模型训练、开发流程管理、部署、市场功能，可灵活地使用其中一个或多个功能。ModelArts 提供多种预置模型，开源模型根据具体的项目需求即可完成调用，同时在平台上模型可以对超参进行自动优化，简单快速，甚至不需要代码仅通过简单操作就可以训练出自己的模型，最后 ModelArts 也支持将模型一键部署到 AIoT 全环节。平台功能总览如图 5.2 所示。

图 5.2　功能总览

ModelArts 采用了自研 MoXing 深度学习框架，提升算法开发效率和模型训练速度，同时优化深度模型推理中 GPU 的利用率，加速云端在线推理，可生成在 Ascend 芯片上运行的模型，实现高效端边推理。具体而言，MoXing 是 ModelArts 自研的组件，是一种轻型的分布式框架，构建于 TensorFlow、PyTorch、MXNet、MindSpore 等深度学习引擎之上，使这些计算引擎分布式性能更高，同时易用性更好。MoXing 包含很多组件，其中 MoXing Framework 模块是一个基础公共组件，可用于访问对象存储服务（Object Storage Service，OBS），与具体的 AI 引擎解耦，在 ModelArts 支持的所有 AI 引擎（TensorFlow、MXNet、PyTorch、MindSpore 等）下均可以使用。MoXing Framework 模块提供了 OBS 中常见的数据文件操作，如读写、列举、创建文件夹、查询、移动、复制、删除等。在 ModelArts Notebook 中使用 MoXing 接口时，可直接调用该接口，无须下载或安装 SDK，使用限制比 ModelArts SDK 和 OBS SDK 少，非常便捷。同时，ModelArts 提供的大规模计算集群，可应用于模型的开发、训练和部署，支持公共资源池和专属资源池 ModelArts 默认提供公共资源池，按需计费；专属资源池需单独创建，专属使用，不与其他用户共享。

ModelArts 平台在支持多种主流开源框架（TensorFlow、PyTorch、MindSpore 等）的同时，也支持主流 GPU 芯片，支持华为设计的高计算力、低功耗的昇腾（Ascend）AI 芯片，支持专属资源独享使用，支持自定义镜像满足自定义框架及算子需求。

3. 开发介绍

软件开发技术的发展历史，就是一部降低开发者成本、提升开发体验的历史。因此在 AIoT 的云侧开发上，ModelArts 也致力于提升 AI 开发体验、降低开发门槛。通过使用云原生的资源和集成开发工具链，ModelArts 为不同类型的开发者提供了更好的云化 AI 开发体验。开发工具为 ModelArts Notebook 和 ModelArts CodeLab（JupyterLab），以下为这两种开发工具的优势。

- ModelArts Notebook 可以在开发过程中做到云上云下，无缝协同，代码开发与调测；云化 JupyterLab 使用本地 IDE+ModelArts 插件远程开发能力，贴近开发者使用习惯；云上开发环境包含 AI 计算资源、云上存储、预置 AI 引擎；运行环境自定义，将开发环境直接保存为镜像，供训练、推理使用。
- ModelArts CodeLab（JupyterLab）能够完成云原生 ModelArts Notebook，案例内容秒级接入与分享，Serverless 化实例管理，资源可以灵活自动回收；免费算力，规格按需自如切换。

ModelArts 支持远程开发，即支持本地 IDE 远程访问 ModelArts Notebook。新版 ModelArts Notebook 提供了远程开发功能，通过开启 SSH 连接，用户本地 IDE 可以远程连接到 ModelArts 的 Notebook 开发环境中调试和运行代码。对于使用本地 IDE 的开发者，由于受限于本地资源，运行和调试环境大多使用团队公共搭建的 CPU 或 GPU 服务器，并且是多人共用，这带来了一定的环境搭建和维护成本。而 ModelArts Notebook 的优势是即开即用，它预先装好了不同的 AI 引擎，并且提供了非常多的可选规格，用户可以独占一个容器环境，不受其他人的干扰。只需简单配置，用户即可通过本地 IDE 连接到该环境进行运行和调试，如图 5.3 所示。

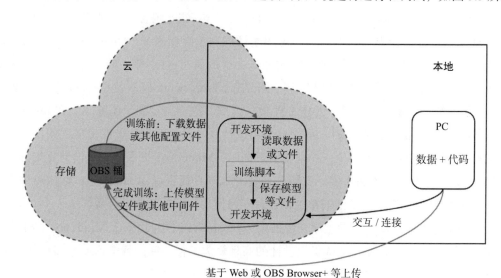

图 5.3   本地 IDE 远程访问 Notebook 开发环境

可以将 ModelArts 的 Notebook 视作本地 PC 的延伸，两者均为本地开发环境，其读取数据、训练、保存文件等操作与常规的本地训练一致。对于习惯使用本地 IDE 的开发者，使用远程开发方式不影响用户的编码习惯，并且可以方便、快捷地使用云上的 Notebook 开发环境。本地 IDE 当前支持 VS Code、PyCharm、SSH 工具，还有专门的插件 PyCharm Toolkit 和 VS Code Toolkit，方便将云上资源作为本地的一个扩展。

ModelArts 预置镜像即开即用，优化配置，支持主流 AI 引擎。每个镜像预置的 AI 引擎和版本是固定的，在创建 Notebook 实例时明确 AI 引擎和版本，包括适配的芯片。ModelArts 开发环境给用户提供了一组预置镜像，主要包括 PyTorch、TensorFlow、MindSpore 系列。用户可以直接使用预置镜像启动 Notebook 实例，在实例中开发完成后，直接提交到 ModelArts 训练作业进行训练，而不需要做适配。ModelArts 开发环境提供的预置镜像版本是由用户反馈和版本稳定性决定的。当用户的功能开发基于 ModelArts 提供的版本能够满足的时候，比如用户开发基于 MindSpore 1.5，建议用户使用预置镜像，这些镜像经过充分的功能验证，并且预置了很多常用的安装包，用户无须花费过多的时间来配置环境即可使用。ModelArts 开发环境提供的预置镜像主要包含如下内容。

- 常用预置包，基于标准的 Conda 环境，预置了常用的 AI 引擎，例如 PyTorch、MindSpore；

常用的数据分析软件包，例如 Pandas、NumPy 等；常用的工具软件，例如 CUDA、cuDNN 等，满足 AI 开发常用需求。

- 预置 Conda 环境：每个预置镜像都会创建一个相对应的 Conda 环境和一个基础 Conda 环境——Python（不包含任何 AI 引擎），如预置 MindSpore 所对应的 Conda 环境示意图如图 5.4 所示，用户可以根据是否使用 AI 引擎参与功能调试，选择不同的 Conda 环境。

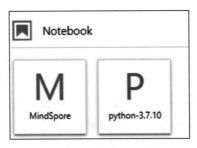

图 5.4　Conda 环境示意图

- Notebook：一款 Web 应用，能够使用户在界面编写代码，并且将代码、数学方程和可视化内容组合到一个文档中。
- JupyterLab 插件：插件功能包括规格切换、分享案例到 AI Gallery 进行交流、停止实例等，提升用户体验。
- 支持 SSH 远程连接功能，通过 SSH 连接启动实例，在本地调试可操作实例，方便调试。
- ModelArts 开发环境提供的预置镜像支持功能开发后，直接提交到 ModelArts 训练作业中进行训练。

ModelArts 集成了基于开源的 JupyterLab，可为用户提供在线的交互式开发调试。用户无须关注安装配置，可以在 ModelArts 管理控制台直接使用 Notebook，编写和调测模型训练代码，然后基于该代码进行模型的训练。JupyterLab 是一个交互式的开发环境，是 Jupyter Notebook 的下一代产品，可以使用它实现编写 Notebook、操作终端、编辑 MarkDown 文本、打开交互模式、查看 csv 文件及图片等功能。

通常可以将 AI 开发的基本流程归纳为几个步骤，即确定目标、准备数据、训练模型、评估模型、部署模型。因此在贴合工程逻辑的基础上，本书后续按照数据管理、模型训练、模型部署和自动学习来介绍 ModelArts 平台的使用，本节先对各部分进行概述，接下来详细描述数据管理和模型训练部分。

5.1.2　数据管理

在 AI 开发过程中经常需要处理海量数据，数据的准备与标注往往会耗费整体开发周期

50% 以上的时间。ModelArts 数据管理提供了一套高效、便捷的管理和标注数据框架，不仅支持图片、文本、语音、视频等多种数据类型，还涵盖图像分类、目标检测、音频分割、文本分类等多个标注场景，适用于各种 AI 项目，如计算机视觉、自然语言处理、音视频分析等；同时提供数据筛选、数据分析、数据处理、智能标注、团队标注以及版本管理等功能，AI 开发者可基于该框架实现数据标注全流程。

数据管理平台提供了聚类分析、数据特征分析、数据清洗、数据校验、数据增强、数据选择等分析处理能力，可帮助开发者进一步理解数据和挖掘数据，从而准备出一份满足开发目标或项目要求的高价值数据。开发者可以在数据管理平台在线完成图像分类、目标检测、音频分割、文本三元组、视频分类等各种标注场景，也可以使用 ModelArts 智能标注方案，通过预置算法或自定义算法代替人工完成数据标注，提升标注效率。针对大规模协同标注场景，数据管理平台还提供了强大的团队标注，支持标注团队管理、人员管理、角色管理等，实现项目创建、数据分配、进度把控、标注、审核、验收全流程，为用户带来标注效率提升的同时最小化项目管理开销。

此外，数据管理平台还时刻保障用户数据的安全性和隐私性，确保用户数据仅在授权范围内使用。新版数据管理中将数据集和数据标注功能解耦，更方便用户使用。

5.1.3 模型训练

模型训练中除数据和算法之外，开发者还花费大量时间在模型参数设计上。模型训练的参数直接影响模型的精度和模型收敛时间，参数的选择主要依赖于开发者的经验，参数选择不当会导致模型精度无法达到预期结果或者模型训练时间大大增加。为了降低开发者的专业要求、提升开发者模型训练的开发效率及训练性能，ModelArts 提供了可视化作业管理、资源管理、版本管理等功能，基于机器学习算法及强化学习的模型训练自动超参调优（如 learning rate、batch size 等自动的调参策略），预置和调优常用模型，简化模型开发和全流程训练管理。

当前大多数开发者开发模型时，为了满足精度需求，模型往往达到几十层甚至上百层，参数规模达到百兆甚至在 GB 规格以上，导致对计算资源的规格要求极高，主要体现在对硬件资源的算力及内存、ROM 规格的需求上。端侧资源规格限制极为严格，以端侧智能摄像头为例，通常端侧算力为 1TFLOPS，内存为 2GB 左右，ROM 空间为 2GB 左右，需要将端侧模型大小控制在百 KB 级别，推理时延控制在百毫秒级别。

这就需要借助模型精度无损或微损下的压缩技术，如通过剪枝、量化、知识蒸馏等技术实现模型的自动压缩及调优，进行模型压缩和重新训练的自动迭代，以保证模型的精度损失极小。无须重新训练的低比特量化技术实现模型从高精度浮点向定点运算转换，多种压缩技术和调优技术实现模型计算量满足端、边小硬件资源下的轻量化需求，模型压缩技术在特定领域场景下实现精度损失小于 1%。

当训练数据量很大时，深度学习模型的训练将会非常耗时。在计算机视觉中，ImageNet-1k（包含 1000 个类别的图像分类数据集，以下简称为 ImageNet）是一个经典、常用的数据集。如果在该数据集上用一块 P100 GPU 训练一个 ResNet50 模型，则需要耗时将近 1 周，严重阻碍深度学习应用的开发进度。因此，深度学习训练加速一直是学术界和工业界所关注的重要问题。

分布式训练加速需要从软件和硬件两方面协同来考虑，单一的调优手段无法达到期望的加速效果。所以分布式加速的调优是一个系统工程，需要从芯片等硬件角度考虑分布式训练架构，如系统的整体计算规格、网络带宽、高速缓存、功耗、散热等因素，充分考虑计算和通信的吞吐量关系，以实现计算和通信时延的降低。

软件设计则需要结合高性能硬件特性，充分利用硬件高速网络实现高带宽分布式通信，实现高效的数据集本地数据缓存技术，通过训练调优算法，如混合并行、梯度压缩、卷积加速等技术，实现分布式训练系统软硬件端到端的高效协同优化，实现多机多卡分布式环境下的训练加速。ModelArts 在千级别资源规格多机多卡分布式环境下，典型的 ResNet50 模型在 ImageNet 数据集上实现加速比大于 0.8，是行业领先水平。衡量分布式深度学习的加速性能时，主要有如下两个重要指标：吞吐量，即单位时间内处理的数据量；收敛时间，即达到一定的收敛精度所需的时间。

吞吐量一般取决于服务器硬件（如更多 / 更大 FLOPS 处理能力的 AI 加速芯片、更大的通信带宽等）、数据读取和缓存、数据预处理、模型计算（如卷积算法选择等）、通信拓扑等方面的优化。除了低比特计算和梯度（或参数）压缩之外，大部分技术在提升吞吐量的同时，不会对模型精度造成影响。为了达到最短的收敛时间，需要在优化吞吐量的同时对调参方面做调优。调参不到位会导致吞吐量难以优化，当 batch size 超参不足够大时，模型训练的并行度就会相对较差，难以通过增加计算节点个数提升吞吐量。

用户最终关心的指标是收敛时间，因此 ModelArts 的 MoXing 实现了全栈优化，极大地缩短了训练收敛时间。在数据读取和预处理方面，MoXing 通过利用多级并发输入流水线使数据 I/O 不会成为瓶颈；在模型计算方面，MoXing 对上层模型提供半精度和单精度组成的混合精度计算，通过自适应的尺度缩放减小由于精度计算带来的损失；在超参调优方面，采用动态超参策略（如 momentum、batch size 等）使模型收敛所需的 epoch 个数降到最低；在底层优化方面，MoXing 与底层华为服务器和通信计算库相结合，使分布式加速进一步提升。ModelArts 高性能分布式训练优化点如下：自动混合精度训练（充分发挥硬件计算能力），动态超参调整技术（动态 batch size、image size、momentum 等），模型梯度的自动融合、拆分，基于 BP bubble 自适应的计算，通信算子调度优化，分布式高性能通信库（nstack、HCCL），分布式数据 – 模型混合并行，训练数据压缩、多级缓存。

5.1.4　模型部署

ModelArts 提供模型、服务管理能力，支持多厂商、多框架、多功能的镜像和模型统一管理。通常 AI 模型部署和规模化落地非常复杂。例如，在智慧交通项目中，获得训练好的模型后，需要把模型部署到云、边、端多种场景。如果在端侧部署，需要一次性部署到不同规格、不同厂商的摄像机上，这是一项耗时、费力的巨大工程，ModelArts 支持将训练好的模型一键部署到端、边、云的各种设备和各种场景中，还为个人开发者、企业和设备生产厂商提供了一整套安全可靠的一站式部署方式。图 5.5 展示了部署模型的三种方式。

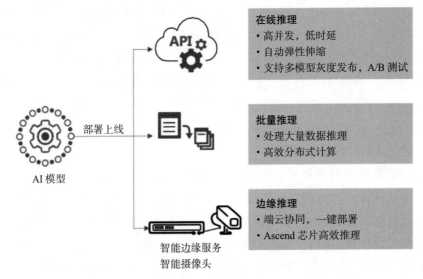

图 5.5　部署模型的三种方式

- 在线推理服务，可以实现高并发、低延时、弹性伸缩，并且支持多模型灰度发布、A/B 测试。
- 支持各种部署场景，既能部署为云端的在线推理服务和批量推理任务，也能部署到端、边等各种设备。
- 一键部署，可以直接推送部署到边缘设备中，选择智能边缘节点，推送模型。

ModelArts 基于 Ascend 310 高性能 AI 推理芯片的深度优化，具有 PB 级别的单日推理数据处理能力，支持发布云上推理的 API 有百万个以上，推理网络时延为毫秒级。

5.1.5　自动学习

目前仅少数算法工程师和研究员具备 AI 的开发和调优能力，且大多数算法工程师仅具备算法原型开发能力，缺少从相关的原型到真正产品化、工程化的能力，大多数业务开发者更是不具备 AI 算法的开发和参数调优能力。这导致大多数企业都难以具备 AI 开发能力。

ModelArts 通过机器学习的方式帮助不具备算法开发能力的业务开发者实现算法的开发，基于迁移学习、自动神经网络架构搜索实现模型自动生成，通过算法实现模型训练的参数自动化选择和模型自动调优的自动学习功能，让零 AI 基础的业务开发者可快速完成模型的训练和部署。依据开发者提供的标注数据及选择的场景，无须开发任何代码，自动生成满足用户精度要求的模型。可支持图片分类、物体检测、预测分析、声音分类场景。可根据最终部署环境和开发者需求的推理速度，自动调优并生成满足要求的模型，图 5.6 展示了自动学习流程。

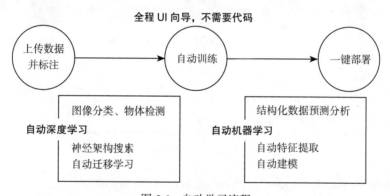

图 5.6　自动学习流程

ModelArts 的自动学习不仅为入门级开发者使用而设计，还提供了"自动学习白盒化"的能力，开放模型参数，实现模板化开发。即使是有经验的开发者也可在其半成品的基础上调优，重新训练模型，提高开发效率。

5.2　数据处理

5.2.1　数据准备

通常而言，人工智能解决问题的三要素包括数据、算法和算力。数据的质量会极大地影响模型的精度。大规模高质量的数据更有可能训练出高精度的 AI 模型。当前很多算法使用常规数据，准确率能达到 85% 或 90%，而商业化应用往往要求更高，如果将模型精度提升到 96% 甚至 99%，则需要大规模、高质量的数据，这时也会要求数据更加精细化、场景化、专业化，这往往也成为 AI 模型突破瓶颈的关键性条件。如何快速准备大量高质量的数据已经成为 AI 开发过程中一个极具挑战性的问题。

　　ModelArts 能帮用户快速准备大量高质量的数据，ModelArts 数据管理提供了全流程的数据准备、数据处理和数据标注能力，如图 5.7 所示。

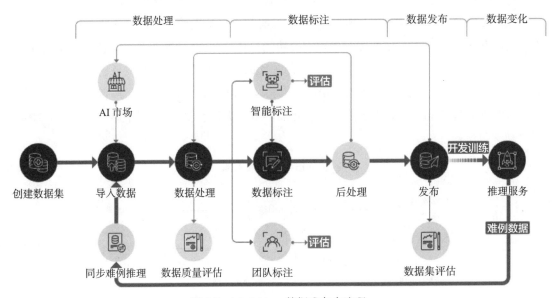

图 5.7　ModelArts 数据准备全流程

ModelArts 数据处理主要为用户准备高质量的 AI 数据提供以下能力。

- 解决用户获取数据的问题，用户可在 AI Gallery 上一键下载需要的数据资源到 ModelArts 数据管理。平台提供多种数据接入方式，支持用户从 OBS、MRS、DLI 以及 DWS 等服务导入用户的数据，同时提供了 18 个以上的数据增强算子，帮助用户扩增数据，增加训练用的数据量。
- 帮助用户提高数据的质量，提供图像、文本、音频、视频等多种格式数据的预览，帮助用户识别数据质量。提供对数据进行多维筛选的能力，用户可以根据样本属性、标注信息等进行样本筛选。提供 12 余种标注工具，方便用户进行精细化、场景化和专业化的数据标注，提供基于样本和标注结果进行特征分析，帮助用户整体了解数据的质量；
- 提升用户数据准备的效率，平台提供了数据版本管理能力，帮助用户提升数据管理的效率，提供数据校验、数据选择、数据清洗等多种数据处理算子，帮助用户快速处理数据，提供交互式标注、智能标注等能力，提升用户数据标注的效率，提供团队标注以及团队标注流程管理能力，帮助用户提升大批量数据标注的能力。

下面按照数据创建、数据接入、数据分析和数据导出的顺序进行具体的介绍。

5.2.2 数据创建

在 ModelArts 进行数据准备，首先需要先创建一个数据集，后续的操作如数据导入、数据分析、数据标注等，都是基于数据集进行的。当前 ModelArts 支持如下格式的数据集：文件型和表格型。其中文件型数据集包含图片、音频、文本、视频和自由格式。

具体而言，对图像类数据进行处理时，支持 .jpg、.png、.jpeg、.bmp 四种图像格式，支持用户进行图像分类、物体检测、图像分割类型的标注；对音频类数据进行处理时，支持 .wav 格式，支持用户进行声音分类、语音内容、语音分割三种类型的标注；对文本类数据进行处理时，支持 .txt、.csv 格式，支持用户进行文本分类、命名实体、文本三元组三种类型的标注；对视频类数据进行处理时，支持 .mp4 格式，支持用户进行视频标注；管理的数据可以为任意格式，目前不支持标注，适用于无须标注或开发者自行定义标注的场景。如果用户的数据集需存在多种格式的数据或者用户的数据格式不符合其他类型数据集，可选择自由格式的数据集。对于表格来说，数据格式支持 csv 文件形式，支持对部分表格数据进行预览，但是最多支持 100 条数据预览；对于自由格式而言，管理的数据可以为任意格式，目前不支持标注，适用于无须标注或开发者自行定义标注的场景。如果用户的数据集需要存在多种格式数据，或者数据格式不符合其他类型数据集，就可选择自由格式的数据集，如图 5.8 所示。

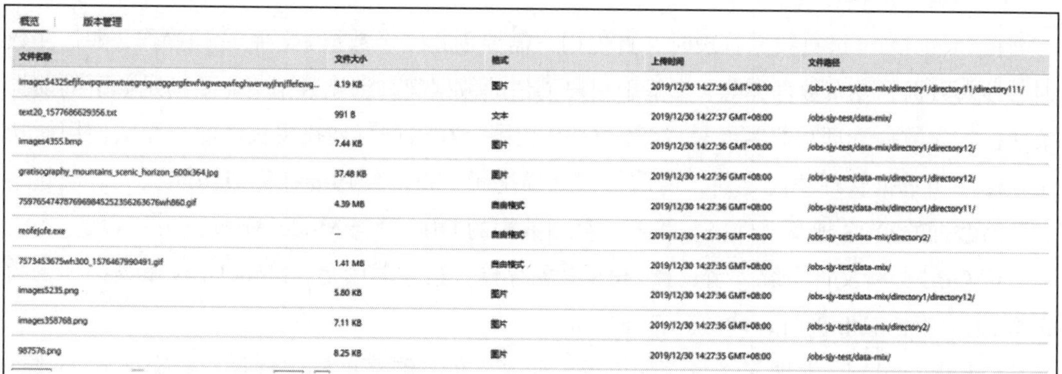

图 5.8 自由格式数据集示例

　　不同类型的数据集支持不同的功能，如智能标注、团队标注等，详细信息如表 5.1 所示。

表 5.1　不同类型的数据集支持的功能

标注类型		创建数据集	导入数据	导出数据	发布数据集	修改数据集	管理版本	自动分组	数据特征
图片	图像分割	支持	支持	支持	支持	支持	支持	支持	支持
	物体检测	支持	支持	支持	支持	支持	支持	支持	支持
	图像分割	支持	支持	支持	支持	支持	支持	支持	—
音频	声音分类	支持	支持	—	支持	支持	支持	—	—
	语音内容	支持	支持	—	支持	支持	支持	—	—
	语音分割	支持	支持	—	支持	支持	支持	—	—
文本	文本分类	支持	支持	—	支持	支持	支持	—	—
	实体命名	支持	支持	—	支持	支持	支持	—	—
	文本三元组	支持	支持	—	支持	支持	支持	—	—
视频		支持	支持	—	支持	支持	支持	—	—
自由格式		支持	—	—	支持	支持	支持	—	—
表格		支持	支持	—	支持	支持	支持	—	—

　　在创建数据集时，存在一些规格的限制。例如：除表格类型之外的数据集（如视频、文本、音频等），单个数据集的最大样本数量限制为 1 000 000，最大标签数量限制为 10 000；除图片类型之外的数据集（如视频、文本、音频等），单个样本大小限制为 5GB；针对图片类数据集（物体检测、图像分类、图像分割），单个图片大小限制为 25MB；单个 manifest 文件大小限制为 5GB；文本文件单行大小限制为 100KB；数据管理标注结果文件大小限制为 100MB。

1. 创建数据集

　　在 ModelArts 进行数据管理时，首先用户需要创建一个数据集，后续的操作（如标注数据、导入数据、发布数据集等）都基于用户创建的数据集。创建数据集需要满足如下的前提条件：首先数据管理功能需要获取访问 OBS 权限，在未进行委托授权之前，无法使用此功能。在使用数据管理功能之前，请前往"全局配置"页面使用委托完成访问授权，创建用于存储数据的 OBS 桶及文件夹。并且，存储数据的 OBS 桶与 ModelArts 在同一区域。当前不支持 OBS 并行文件系统，请选择 OBS 对象存储，最重要的是，ModelArts 不支持加密的 OBS 桶，创建 OBS 桶时，请勿开启桶加密。

　　登录 ModelArts 管理控制台，如图 5.9 所示，在左侧菜单栏中选择"数据管理→数据集"，单击"前往新版"，进入新版"数据集"管理页面。

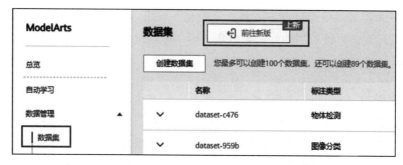

图 5.9　进入"数据集"管理页面

　　单击"创建数据集",进入"创建数据集"页面。根据数据类型以及数据标注要求,选择创建不同类型的数据集。填写数据集基本信息,如数据集的"名称""描述""数据格式""数据类型"和"数据集输出位置",如图 5.10 所示。

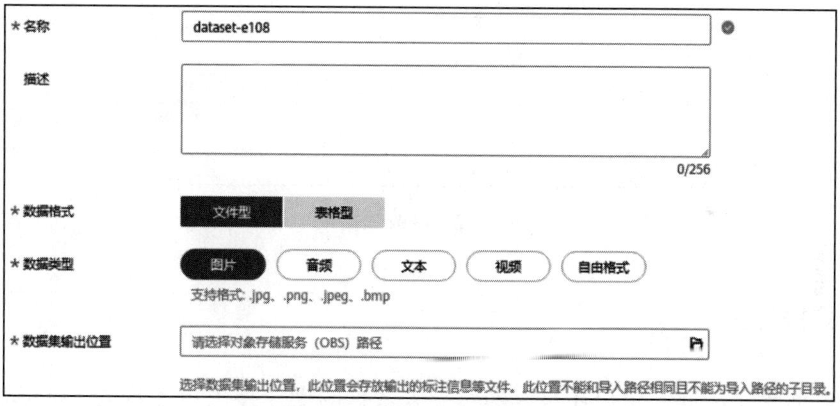

图 5.10　数据集基本信息

　　基本信息填写完成后,单击"下一步",填写数据集数据输入信息。用户在 OBS 中有准备好的数据时,"数据来源"选择"OBS",确定"导入路径"和"数据标注状态"。针对不同类型的数据集,数据输入支持的标注格式不同,如图 5.11 所示。

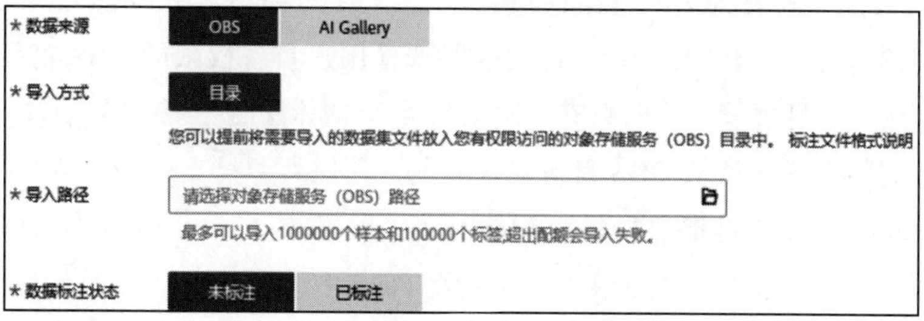

图 5.11　选择 OBS 中的数据格式和数据类型

　　参数填写无误后，单击页面右下角的"提交"按钮。数据集创建完成后，系统自动跳转至数据集管理页面，针对创建好的数据集，用户可以执行数据导入、发布、修改、删除、数据处理、数据标注、数据特征、版本管理和导出操作。

2. 修改数据集

　　对于已创建的数据集，用户可以修改数据集的基本信息以匹配业务变化。登录 ModelArts 管理控制台，在左侧的菜单栏中选择"数据管理→数据集"，进入"数据集"管理页面，在数据集列表中，单击操作列的"修改"，修改后单击"确定"按钮完成修改，如图 5.12 所示。

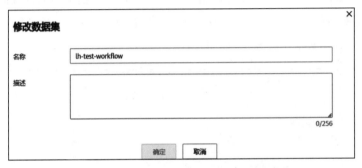

图 5.12　修改数据集

5.2.3　数据接入

　　数据集创建完成后，用户还可以通过导入数据的操作接入更多数据。ModelArts 支持从不同的数据源导入数据，例如从 AI Gallery 下载数据集、从 OBS 导入数据、从 DLI 导入数据、从 MRS 导入数据、从 DWS 导入数据以及从本地上传数据。考虑到 OBS 导入数据为常见的操作方法，本书选择从 OBS 中导入数据的情况进行介绍，其余的方式请参考网上部分[⊖]。

　　OBS 导入数据方式分为 OBS 目录和 Manifest 文件两种。其中 OBS 目录是指需要导入的数据集已提前存储至 OBS 目录中，此时需要选择用户具备权限的 OBS 路径，且 OBS 路径内的目录结构应满足规范。当前只有"图像分类""物体检测""表格""文本分类"和"声音分类"类型的数据集支持从 OBS 目录导入数据，其他类型只支持 Manifest 文件导入数据集的方式。Manifest 文件是指数据集为 Manifest 文件格式，Manifest 文件定义标注对象和标注内容的对应关系，且 Manifest 文件已上传至 OBS 中。

不同类型的数据集，其导入操作界面的示意图存在区别，请参考界面信息以了解当前类型数据集的示意图。当前操作指导以图像分类的数据集为例。

登录 ModelArts 管理控制台，在左侧的菜单栏中选择"数据管理→数据集"，进入"数据集"管理页面，在数据集所在行，单击操作列的"导入"。用户也可以单击数据集名称，进入数据集"概览"页，在页面右上角单击"导入"，在"导入"对话框中，参考图 5.13 中的选项填写参数，然后单击"确定"按钮。导入成功后，数据将自动同步到数据集中。之后用户可以在"数据集"页面，单击数据集的名称，查看详细数据，并可以通过创建标注任务进行数据标注。

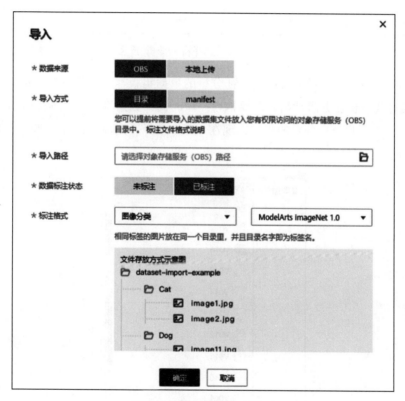

图 5.13　导入数据集（OBS）

5.2.4　数据分析

数据分析用于分析数据或者标注结果的特征分布，如图像亮度分布、标注框的分布等，帮助用户分析数据的均衡性，从而提升模型训练的效果。基于图片或目标框对图片的各项特征（如模糊度、亮度）进行分析，绘制可视化曲线，帮助处理数据集。同时用户还可以选择数据集的多个版本，查看其可视化曲线，进行对比分析。

首先登录 ModelArts 管理控制台，在左侧的菜单栏中选择"数据管理→数据集"，进入"数据集"管理页面。选择对应的数据集，单击操作列的"数据特征"，进入数据集概览页的数据特征页面。用户也可以在单击数据集名称进入数据集概览页后，单击"数据特征"页签进入。

由于发布后的数据集不会默认启动数据特征分析，针对数据集的各个版本，需要手动启动特征分析任务。在"数据特征"页签下，单击"特征分析"按钮，如图 5.14 所示。

图 5.14　选择特征分析

在弹出的对话框中配置需要进行特征分析的数据集版本，然后单击"确定"按钮启动分析。数据特征分析任务启动后，需要执行一段时间，数据量不同，等待时间也不同。如图 5.15 所示，当用户选择分析的版本出现在"版本选择"列表下且可勾选时，即表示分析已完成。

图 5.15　可选择已执行特征分析的版本

接下来，可以查看数据特征分析结果，首先完成"版本选择"：在右侧下拉框中选择进行对比的版本，也可以只选择一个版本。"类型"：选择需要分析的类型，支持"all""train""eval"和"inference"。"数据特征指标"：在右侧下拉框中勾选需要展示的指标。在数据特征分析后，用户可以在"数据特征"页签下，单击右侧的"分析历史"，在弹出的对话框中查看历史分析任务及其状态，如图 5.16 所示。

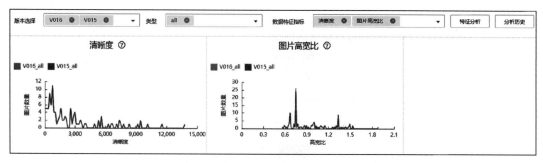

图 5.16　数据特征分析

值得一提的是，在进行数据分析时，仍有一些需要注意的事项，具体如下。

- 只有"图片"的数据集，且版本标注类型为"物体检测"和"图像分类"的数据集版本支持数据特征分析；只有发布后的数据集支持数据特征分析，发布后的 Default 格式数据集版本支持数据特征分析。

- 不同类型的数据集，选取范围不同：对于标注任务类型为"物体检测"的数据集版本，当已标注样本数为 0 时，发布版本后，"数据特征"页签版本置灰不可选，无法显示数据特征，否则，显示已标注的图片的数据特征；对于标注任务类型为"图像分类"的数据集版本，当已标注样本数为 0 时，发布版本后，数据特征页签版本置灰不可选，无法显示数据特征，否则，显示全部图片的数据特征。

- 数据集中的图片数量要达到一定量级才有意义，一般来说，需要有 1000 张以上的图片。

- "图像分类"支持的分析指标有："分辨率""图片高宽比""图片亮度""图片饱和度""清晰度"和"图像色彩的丰富程度"，"物体检测"支持所有的分析指标。

5.2.5　数据导出

针对数据集中的数据，用户可以选中部分数据或者通过条件筛选出需要的数据，导出为新的数据集，或者将数据导出到指定的 OBS 目录下。用户可以通过任务历史查看数据导出的历史记录。目前只有"图像分类""物体检测""图像分割"类型的数据集支持导出功能，"图像分类"只支持导出 txt 格式的标注文件，"物体检测"只支持导出 Pascal VOC 格式的 XML 标注文件，"图像分割"只支持导出 Pascal VOC 格式的 XML 标注文件以及 Mask 图像，具体操作如下。

登录 ModelArts 管理控制台，在左侧的菜单栏中选择"数据管理→数据集"，进入"数据集"管理页面。在数据集列表中，选择"图片"类型的数据集，单击数据集名称进入"数据集概览页"。在"数据集概览页"，单击右上角的"导出"。在弹出的"导出"对话框中，填写相关信息，然后单击"确定"按钮，开始执行导出操作。具体的设置参数如图 5.17 所示。

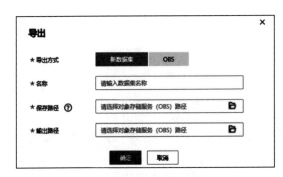

图 5.17 导出新数据集

数据导出成功后，用户可以前往用户设置的保存路径，查看存储的数据。当"导出方式"选择为"新数据集"时，在导出成功后，用户可以前往"数据集"列表中查看新的数据集。在"数据集概览页"，单击右上角的"导出历史"，在弹出的"任务历史"对话框中，可以查看该数据集之前的导出任务历史。

接下来将数据导出到 OBS。登录 ModelArts 管理控制台，在左侧的菜单栏中选择"数据管理→数据集"，进入"数据集"管理页面。在数据集列表中，选择"图片"类型的数据集，单击数据集名称进入"数据集概览页"。在"数据集概览页"单击右上角的"导出"。在弹出的"导出"对话框中，填写相关信息，然后单击"确定"按钮，开始执行导出操作，如图 5.18 所示。

图 5.18 导出到 OBS

数据导出成功后，用户可以前往用户设置的保存路径查看存储的数据。在"数据集概览页"，单击右上角的"导出历史"，在弹出的"任务历史"对话框中，可以查看该数据集之前的导出任务历史，如图 5.19 所示。

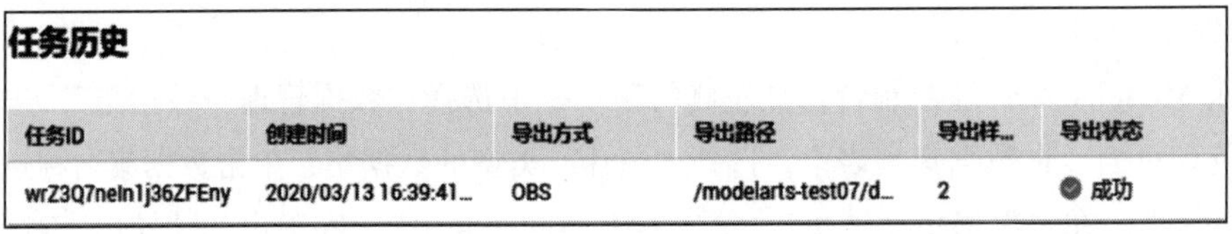

任务历史					
任务ID	创建时间	导出方式	导出路径	导出样...	导出状态
wrZ3Q7nehn1j36ZFEny	2020/03/13 16:39:41...	OBS	/modelarts-test07/d...	2	● 成功

图 5.19 导出任务历史

5.3　模型开发

5.3.1　模型开发简介

AI 模型开发的过程称为 Modeling，一般包含两个阶段。第一阶段是开发阶段：准备并配置环境，调试代码，使代码能够开始进行深度学习训练，推荐在 ModelArts 开发环境中调试。第二阶段是实验阶段：调整数据集、调整超参等，通过多轮实验训练出理想的模型，推荐在 ModelArts 训练中进行实验。两个过程可以相互转换，如开发阶段代码稳定后，则会进入实验阶段，通过不断尝试调整超参来迭代模型，或在实验阶段，有一个可以优化训练的性能的想法，则会回到开发阶段，重新优化代码，其部分过程可参考图 5.20。

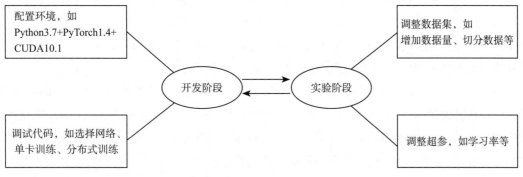

图 5.20　模型开发示意图

ModelArts 提供了模型训练的功能，方便用户查看训练情况并不断调整用户的模型参数。用户还可以基于不同的数据选择不同规格的资源池，用于模型训练。除支持用户自己开发的模型外，ModelArts 还提供了从 AI Gallery 订阅算法，可以不关注模型开发，直接使用 AI Gallery 的算法，通过算法参数的调整得到一个满意的模型。

5.3.2　准备算法

机器学习从有限的观测数据中学习一般性的规律，并利用这些规律对未知的数据进行预测。为了获取更准确的预测结果，用户需要选择一个合适的算法来训练模型。针对不同的场景，ModelArts 提供大量的算法样例。以下内容提供了关于业务场景、算法学习方式、算法实现方式的指导。

1. 选择算法的学习方式

ModelArts 支持用户根据实际需求进行不同方式的模型训练，包括离线学习、增量学习。离线学习是训练中最基本的方式，离线学习需要一次性提供训练所需的所有数据，在训练完成后，目标函数的优化就停止了。使用离线学习的优势是模型稳定性高，便于进行模型的验证与评估，缺点是时间和空间成本效率低。增量学习是一个连续不断的学习过程。相较于离线学习，增量学习不需要一次性存储所有的训练数据，缓解了存储资源有限的问题；另外，增量学习还节约了重新训练中需要消耗的大量算力、时间以及经济成本。

2. 选用不同的算法实现方式

（1）使用订阅算法

ModelArts 的 AI Gallery 发布了较多官方算法，可以帮助 AI 开发者快速开始训练和部署模型。不熟悉 ModelArts 的用户可以快速订阅官方推荐算法实现模型训练全流程。AI Gallery 不仅可以订阅官方发布算法，也支持用户发布自定义算法和订阅其他开发者分享的算法。为了使用他人或者 ModelArts 官方分享的算法，用户需要将 AI Gallery 的算法订阅至用户的 ModelArts 中，整体来说先进行查找算法再完成订阅。

为了获得匹配用户业务的算法，用户可以通过多个入口区查找算法。在 ModelArts 控制台，"算法管理→我的订阅"中，单击"订阅更多算法"，可跳转至"AI Gallery"页面，查找相应的算法。在 ModelArts 控制台，直接在左侧的菜单栏中选择"AI Gallery"，进入"AI Gallery"页面，在"资产集市→算法"页面查找相应的算法。

订阅算法进入"AI Gallery"，选择"资产集市→算法"页签，查找用户需要的算法并单击算法名称，进入算法详情页，单击算法详情页右侧的"订阅"，订阅用户所需的算法。订阅后的算法状态变为"已订阅"，并且将自动展现在"算法管理→我的订阅"页面中，如图 5.21 所示。

图 5.21　我的订阅

单击"前往控制台"，选择云服务区域，进入"算法管理→我的订阅"页面，单击"产品名称"左侧的小三角，展开算法详情，在"版本列表"区域单击"创建训练作业"即可进行后续操作，如图 5.22 所示。

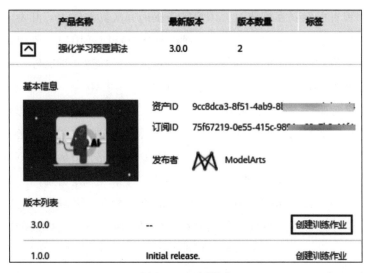

图 5.22　订阅算法

（2）使用预置框架（自定义脚本）

对于使用预置框架而言，如果订阅算法不能满足需求或者用户希望迁移本地算法至 ModelArts 上训练，可以考虑使用 ModelArts 支持的预置框架实现算法构建。这种方式在创建算法时被称为"使用预置框架"模式，当前 ModelArts 支持的训练引擎及对应版本如图 5.23 所示。

工作环境	适配芯片	系统架构	系统版本	AI 引擎与版本	支持的 CUDA 或 Ascend 版本
TensorFlow	CPU/GPU	x86_64	Ubuntu18.04	tensorflow_2.1.0-cuda_10.1-py_3.7-ubuntu_18.04-x86_64	CUDA10.1
PyTorch	CPU/GPU	x86_64	Ubuntu18.04	pytorch_1.8.0-cuda_10.2-py_3.7-ubuntu_18.04-x86_64	CUDA10.2
Ascend-Powered-Engine	Ascend910	aarch64	Euler2.8	mindspore_1.7.0-cann_5.1.0-py_3.7-euler_2.8.3-aarch64	5.1.0
				tensorflow_1.15-cann_5.1.0-py_3.7-euler_2.8.3-aarch64	5.1.0
MPI	GPU	x86_64	Ubuntu18.04	mindspore_1.3.0-cuda_10.1-py_3.7-ubuntu_1804-x86_64	CUDA10.1
Horovod	GPU	x86_64	ubuntu_18.04	horovod_0.20.0-tensorflow_2.1.0-cuda_10.1-py_3.7-ubuntu_18.04-x86_64	CUDA10.1
				horovod_0.22.1-pytorch_1.8.0-cuda_10.2-py_3.7-ubuntu_18.04-x86_64	CUDA10.2

图 5.23　训练作业支持的 AI 引擎及对应版本

当用户使用预置框架创建算法时，用户需要提前完成算法的代码开发。本节详细介绍如何改造本地代码以适配 ModelArts 上的训练。创建算法时，用户需要在创建页面提供代码目录路径、代码目录路径中的启动文件、训练输入路径参数和训练输出路径参数。这四种输入是用户代码和 ModelArts 后台进行交互的桥梁。

首先是代码目录路径，用户需要在 OBS 桶中指定代码目录，并将训练代码、依赖安装包或者预生成模型等训练所需的文件上传至该代码目录下。训练作业创建完成后，ModelArts 会将代码目录及其子目录下载至后台容器中。例如：OBS 路径 obs://obs-bucket/training-test/demo-code 作为代码目录，OBS 路径下的内容会被自动下载至训练容器的 ${MA_JOB_DIR}/demo-code 目录中，demo-code 为 OBS 存放代码路径的最后一级目录，用户可以根据实际情况进行修改。请注意，不要将训练数据放在代码目录路径下。训练数据比较大，训练代码目录在训练作业启动后会下载至后台，可能会有下载失败的风险。建议训练代码目录大小不超过 50MB。

其次，代码目录路径中的启动文件作为训练启动的入口，当前只支持 Python 格式。

再次，训练输入路径参数中，需要将训练数据上传至 OBS 桶或者存储至数据集中。在训练代码中，用户需解析输入路径参数。系统后台会自动下载输入参数路径中的训练数据至训练容器的本地目录。请保证用户设置的桶路径有读取权限。在训练作业启动后，ModelArts 会挂载硬盘至 /cache 目录，用户可以使用此目录来存储临时文件。

最后，训练输出路径参数，建议设置一个空目录为训练输出路径。在训练代码中，用户需要解析输出路径参数。系统后台会自动上传训练输出至指定的训练输出路径，请保证用户设置的桶路径有写入权限和读取权限。

针对用户在本地或使用其他工具开发的算法，支持上传至 ModelArts 中统一管理。在创建自定义算法过程中，用户需要关注以下内容：已在 ModelArts 中创建可用的数据集，或用户已将用于训练的数据集上传至 OBS 目录；准备好训练脚本，并上传至 OBS 目录；已在 OBS 创建至少一个空的文件夹，用于存储训练输出的内容；由于训练作业运行需消耗资源，确保账户未欠费；确保用户使用的 OBS 目录与 ModelArts 在同一区域。在满足上述要求后，接下来具体介绍如何创建算法。

1）进入创建算法页面，登录 ModelArts 管理控制台，单击左侧菜单栏的"算法管理"。在"我的算法"管理页面单击"创建"，进入"创建算法"页面，如图 5.24 所示。

2）设置算法基本信息，其中包括"名称"和"描述"，如图 5.25 所示。

3）选择"预置框架"创建算法。用户需要根据实际算法代码情况设置"镜像""代码目录"和"启动文件"。选择的 AI 镜像与编写算法代码时选择的框架必须一致。例如，编写算法代码时使用的是 TensorFlow，则在创建算法时也要选择 TensorFlow 镜像，如图 5.26 所示。

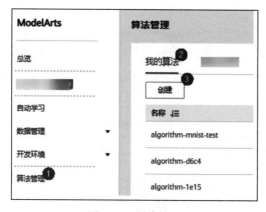

图 5.24　创建算法

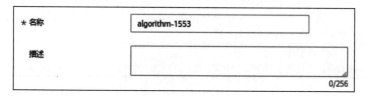

图 5.25　设置算法基本信息

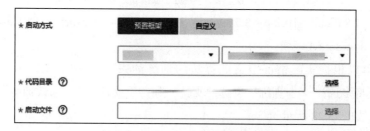

图 5.26　使用自定义脚本创建算法

4）输入 / 输出管道设置训练过程中，基于预置框架的算法需要从 OBS 桶或者数据集中获取数据进行模型训练，训练产生的输出结果也需要存储至 OBS 桶中。用户的算法代码中需解析输入 / 输出参数，实现 ModelArts 后台与 OBS 的数据交互，用户可以参考开发自定义脚本完成适配 ModelArts 训练的代码开发。创建基于预置框架的算法时，用户需要配置算法代码中定义的输入 / 输出参数。

5）定义超参使用预置框架创建算法时，ModelArts 支持用户自定义超参，方便用户查阅或修改。定义超参后会体现在启动命令中，以命令行参数的形式传入用户的启动文件中。用户可以通过单击"增加超参"手动添加超参。请注意，超参输入的内容应该只包含大小写字母、中文、数字、空格、中划线、下划线、逗号和句号，也可以对超参进行编辑，在图 5.27 中展示了添加超参数的界面，同时表 5.2 展示了超参数的说明。

图 5.27　添加超参

表 5.2　超参数说明

参数	说明
名称	填入超参名称 超参名称支持 64 个以内字符，仅支持大小写字母、数字、下划线和中划线
类型	填入超参的数据类型，支持 String、Integer、Float 和 Boolean
默认值	填入超参的默认值。创建训练作业时，默认使用该值进行训练
约束	单击约束。在弹出的对话框中，支持用户设置默认值的取值范围或者枚举值范围
必需	可选是或否。如果选择否，在使用该算法创建训练作业时，支持在创建训练作业页面删除该超参。如果选择是，则不支持删除操作
描述	填入超参的描述说明 超参描述支持大小写字母、中文、数字、空格、中划线、下划线、逗号和句号

6）选择支持的策略。ModelArts 支持用户使用自动化搜索功能。自动化搜索功能在零代码修改的前提下，自动找到最优的超参，有助于提高模型精度和收敛速度。自动搜索目前仅支持 pytorch_1.8.0-cuda_10.2-py_3.7-ubuntu_18.04-x86_64，tensorflow_2.1.0-cuda_10.1-py_3.7-ubuntu_18.04-x86_64 镜像。

7）用户可以根据实际情况定义此算法的训练约束。"资源类型" 可选 CPU、GPU、Ascend 等，支持多选；"多卡训练" 可选 "支持" 和 "不支持"；"分布式训练" 可选 "支持" 和 "不支持"，如图 5.28 所示。

图 5.28　算法训练约束

5.3.3　模型训练

训练管理模块是 ModelArts 不可或缺的功能模块，用于创建训练作业、查看训练情况以及管理训练版本。模型训练是一个不断迭代和优化的过程。在训练模块的统一管理下，方便用户试验算法、数据和超参数的各种组合，便于追踪最佳的模型与输入配置，用户可以比较不同版本间的评估指标，确定最佳训练作业。

首先仍需要确定模型训练的前置条件。数据已完成准备：已在 ModelArts 中创建可用的数据集，或者用户已将用于训练的数据上传至 OBS 目录；在"算法管理"中，已完成使用预置框架（自定义脚本）或者使用自定义镜像或者已使用订阅算法；已在 OBS 创建至少一个空的文件夹，用于存储训练输出的内容。ModelArts 不支持加密的 OBS 桶，创建 OBS 桶时，请勿开启桶加密；由于训练作业运行需消耗资源，确保账户未欠费；确保使用的 OBS 目录与 ModelArts 在同一区域；检查是否配置访问授权。若未配置，请参考使用委托授权完成操作，如图 5.29 所示。

图 5.29　授权图

接下来介绍如何在平台训练模型，首先需要创建训练作业。登录 ModelArts 管理控制台，在左侧导航栏中，选择"训练管理→训练作业"，进入"训练作业"列表；单击"创建训练作业"，进入"训练作业"页面，在该页面填写训练作业相关参数信息；选择训练资源的规格。训练参数的可选范围与已有算法的使用约束保持一致；单击"提交"按钮完成训练作业的创建。训练作业一般需要运行一段时间。要查看训练作业实时情况，用户可以前往训练作业列表查看训练作业的基本情况。

在训练结束后，平台提供了查看训练作业的功能模块。登录 ModelArts 管理控制台，在左侧导航栏中，选择"训练管理→训练作业"，进入"训练作业"列表；在"训练作业"列表中，单击作业名称，进入训练作业详情页；在训练作业详情页的左侧，可以查看此次训练作业的基本信息和算法配置的相关信息，图 5.30 展示了训练作业的信息。

训练日志用于记录训练作业运行过程和异常信息，为快速定位作业运行中出现的问题提供详细信息。在 ModelArts 中训练作业遇到问题时，可首先查看日志，多数场景下的问题可以通过日志报错信息直接定位。训练日志包括普通训练日志和 Ascend 相关日志。当使用 CPU 或 GPU 资源训练时仅产生普通训练日志，普通训练日志中包含训练进程日志、pip-requirement.txt 安装日志和 ModelArts 平台日志；使用 Ascend 资源训练时会产生 device 日志、plog 日志、proc log 单卡训练日志、MindSpore 日志、普通日志。

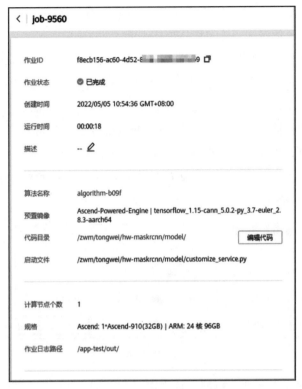

图 5.30　训练作业信息

在训练作业的（从用户可看见训练任务开始）整个生命周期中，每一个关键事件点在系统后台均有记录，用户可随时在对应训练作业的详情页面进行查看，方便用户更清楚地了解训练作业运行过程，在遇到任务异常时，更加准确地排查定位问题。当前支持的作业事件有作业创建成功、作业创建失败报错、准备阶段超时、作业已排队、作业排队失败、作业开始运行等近三十余类事件。训练运行到结束的过程中，关键事件支持手动 / 自动刷新，可以在 ModelArts 管理控制台的左侧导航栏中选择"训练管理→训练作业"，在训练作业列表中，用户可以单击作业名称，进入训练作业详情页面，在训练作业详情页面，单击"查看事件"查看事件信息，如图 5.31 所示。

评价模型的运行效果对模型来说至关重要，针对使用 ModelArts 官方发布的算法创建训练作业时，其训练作业详情支持查看评估结果。根据模型训练的业务场景不同，会提供不同的评估结果。由于每个模型情况不同，系统将自动根据用户的模型指标情况给出一些调优建议，请仔细阅读界面中的建议和指导，对用户的模型进行进一步的调优。如果用户的训练脚本中按照 ModelArts 规范添加了相应的评估代码，在训练作业运行结束后，也可在作业详情页面查看评估结果，如图 5.32 所示。

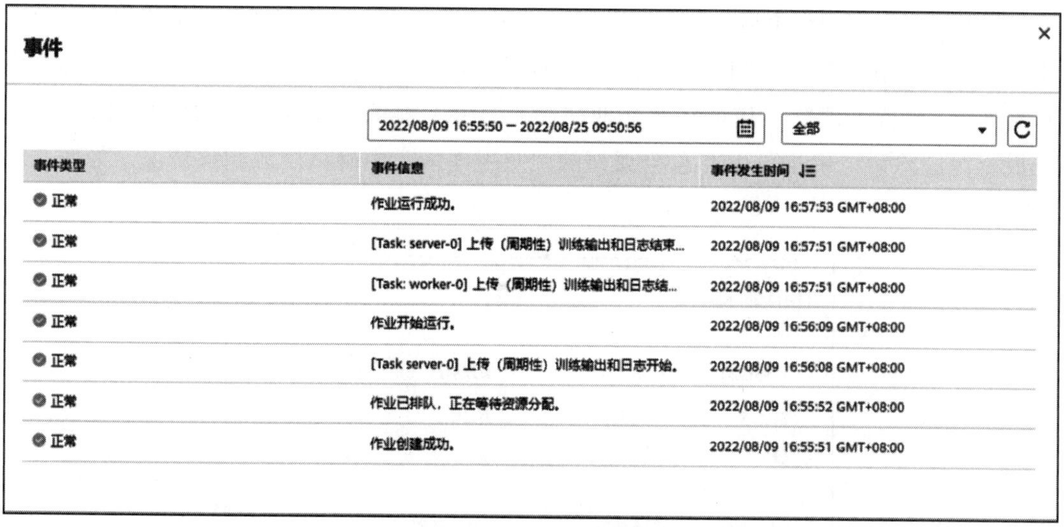

图 5.31　查看事件信息

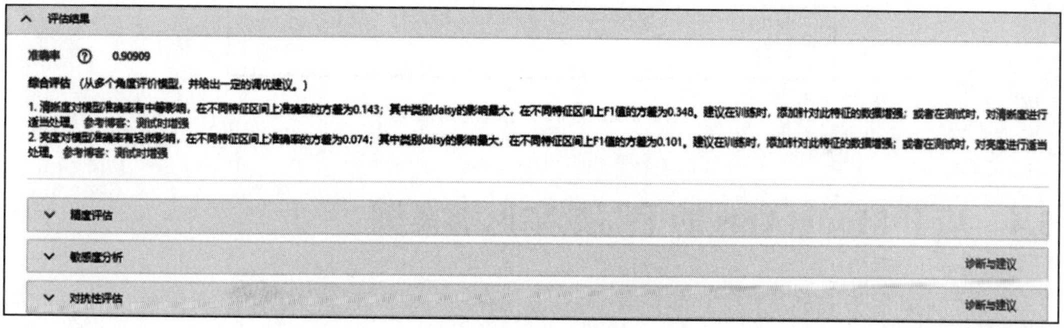

图 5.32　查看评估结果

接下来介绍停止、重建或查找作业。当用户需要修改训练作业的算法时，可以在训练作业详情页面的右上角单击"另存为算法"。在"创建算法"页面中，会自动填充上一次训练作业的算法参数配置，用户可以根据业务需求在原来算法配置的基础上进行修改。在训练作业列表中，针对"创建中""等待中""运行中"的训练作业，用户可以单击"操作"列的"终止"，停止正在运行中的训练作业，训练作业停止后，ModelArts 将停止计费。运行结束的训练作业，如"已完成""运行失败""已终止""异常"的作业，不涉及"终止"操作。当对创建的训练作业不满意时，用户可以单击操作列的"重建"，重新创建训练作业。在重创训练作业页面，会自动填入上一次训练作业设置的参数，用户仅需在原来的基础上进行修改即可重新创建训练作业。当用户使用 IAM 账号登录时，训练作业列表会显示 IAM 账号下所有训练作业。ModelArts 提供查找训练作业功能帮助用户快速查找训练作业。

最后，训练模型结束后，如果不再需要使用此训练任务，建议清除相关资源，避免产生不必要的费用。在"训练作业"页面，"删除"运行结束的训练作业。用户可以单击"操作"列的"删除"删除对应的训练作业，进入 OBS，删除本示例使用的 OBS 桶及文件，完成资源清除后，用户可以在总览页面的"使用详情"中确认资源删除情况，如图 5.33 所示。

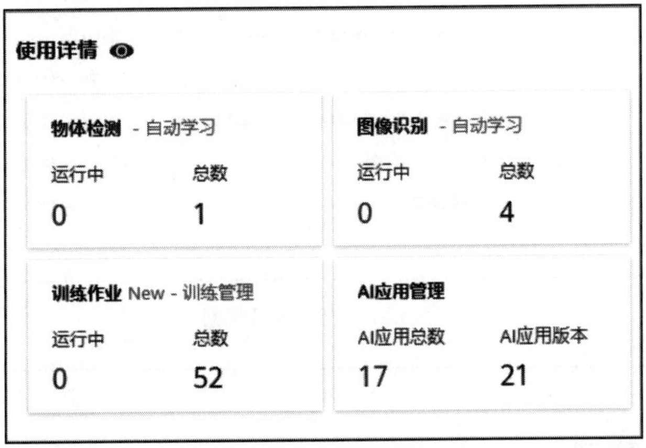

图 5.33　确认资源删除情况

5.4　基于 ModelArts 的手写数字识别案例

本节利用华为云的 AI 开发平台——ModelArts 完成手写数字图像识别任务，并以此案例讲解如何在 ModelArts 平台上进行 AI 开发任务，包括数据准备、算法上传、训练模型、部署推理模型并预测等，从而掌握 ModelArts 平台的 AI 全流程开发。

手写数字识别任务属于计算机视觉领域的图像分类任务，它基于经典的 MNIST 数据集进行图像识别。MNIST 数据集由 0 ～ 9 手写数字图片即对应的标签组成，每张图片为 28×28 像素的灰度图片。手写数字识别任务即 AI 模型根据给出的手写数字图片判断该图片所显示的数字是多少，实际上就是一个十分类任务。需要首先编写代码构建神经网络模型；然后基于 MNIST 的训练集进行训练，即学习各种数字图片的特征；然后利用 MNIST 测试集进行模型的评估，测试模型的图像分类能力；最后将模型部署到特定的硬件设备上。本案例是在线部署，即将模型部署到云端的 CPU 设备进行推理。

ModelArts 平台的手写数字识别任务步骤和前面章节所描述的 AI 开发流程相同，包括数据准备、模型开发、模型训练和模型推理部署等几个部分，整体流程如图 5.34 所示。

1）准备训练数据：下载 MNIST 数据集。

2）准备训练文件和推理文件：编写训练与推理代码。

3）创建 OBS 桶并上传文件：创建 OBS 桶和文件夹，并将数据集和训练脚本、推理脚本、推理配置文件上传到 OBS 中。

4）创建训练作业：进行模型训练。

5）推理部署：训练结束后，将生成的模型导入 ModelArts，用于创建 AI 应用，并将 AI 应用部署为在线服务。

6）预测结果：上传一张手写数字图片，发起预测请求以获取预测结果。

7）清除资源：运行完成后，停止服务并删除 OBS 中的数据，避免不必要的扣费。

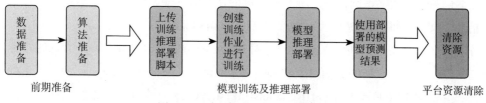

图 5.34　手写数字识别案例流程图

5.4.1　平台的准备工作

因为在使用 ModelArts 过程中涉及 OBS、SWR、IEF 等服务交互，所以首次使用 ModelArts 时需要配置委托授权，允许访问这些依赖服务。

首先用华为云账号登录 ModelArts 管理控制台（https://console.huaweicloud.com/modelarts），在左侧导航栏单击"全局配置"，进入"全局配置"页面，单击"添加授权"。在弹出的"访问授权"窗口中，依次选择"授权对象类型"为"所有用户"，"委托选择"为"新增委托"，"权限配置"为"普通用户"。选择完成后勾选"我已经详细阅读并同意《 ModelArts 服务声明》"，然后进行创建。

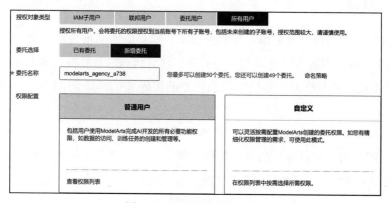

图 5.35　配置委托访问授权

完成配置后，在 ModelArts 控制台的全局配置列表中可看到此账号的委托配置信息，如图 5.36 所示，至此平台的准备工作便已完成。

授权对象 ⇅	授权对象类型 ⇅	授权类型 ⇅	授权内容 ⇅	创建时间 ⇅	操作
所有用户	所有用户	委托	modelarts_agency	2024/01/07 19:34:55 GMT+08:00	查看权限 删除

图 5.36　查看委托配置信息

5.4.2　数据准备

本案例为手写数字识别任务，所以需要提前在官网下载 MNIST 手写数据集，该数据集共包括 4 个文件（如图 5.37 所示），均需下载。MNIST 数据集中 train-images-idx3-ubyte.gz 为训练集的压缩包文件，共包含 60 000 个样本；train-labels-idx1-ubyte.gz 为训练集标签的压缩包文件，共包含 60 000 个样本的类别标签；t10k-images-idx3-ubyte.gz 为验证集的压缩包文件，共包含 10 000 个样本；t10k-labels-idx1-ubyte.gz 为验证集标签的压缩包文件，共包含 10 000 个样本的类别标签。

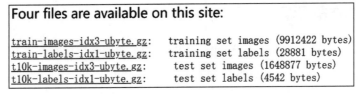

```
Four files are available on this site:

train-images-idx3-ubyte.gz:    training set images (9912422 bytes)
train-labels-idx1-ubyte.gz:    training set labels (28881 bytes)
t10k-images-idx3-ubyte.gz:     test set images (1648877 bytes)
t10k-labels-idx1-ubyte.gz:     test set labels (4542 bytes)
```

图 5.37　MNIST 数据集信息

若要使用其他数据集完成自己的 AI 开发任务，同样需要提前准备好训练集和测试集两部分数据。

5.4.3　模型准备

模型准备阶段需要自己提前编写好训练脚本、推理脚本和推理配置文件，用户若开发自己的 AI 应用，同样需要按照此流程准备好这三部分代码，然后根据本节介绍的通用流程进行 AI 应用开发。下面给出手写数字识别任务的代码展示，整个 AI 任务是依赖 PyTorch 框架完成的。

首先是模型训练的 Python 代码，即在本地计算机上创建 train.py 文件。需要定义网络模型，即神经网络的结构以及如何进行前向传播；定义模型训练函数，包括如何加载训练数据、计算损失函数和执行梯度下降等过程；定义模型测试函数，包括加载验证数据、计算损失函数和准确率过程。另外，还需要定义如何加载数据集文件和数据处理过程；最后编写主函数进行模型的训练过程。该部分的脚本可以根据用户任务需求完成自定义。

其次是推理部署脚本，在本地计算机上创建模型的推理文件，其中需要构建模型推理服务和定义神经网络算法，最终完成模型的推理部署，可从网上参考具体的代码示例[⊖]。

最后是推理配置脚本，在本地计算机上创建 config.json 文件，包含模型算法配置、框架类型和运行平台信息配置。下面为依赖 PyTorch 框架在 Ubuntu 平台的 CUDA 进行模型推理示例。

```
{
    "model_algorithm": "image_classification",
        "model_type": "PyTorch",
        "runtime": "pytorch_1.8.0-cuda_10.2-py_3.7-ubuntu_18.04-x86_64"
}
```

5.4.4　上传文件

此步骤需要将上一步中的数据和代码文件、推理代码文件与推理配置文件从本地上传到 OBS 桶中。OBS 是一个基于对象的海量存储服务，可以提供海量、安全、高可靠、低成本的数据存储能力。OBS 的基本组成是桶和对象。桶是 OBS 中存储对象的容器，每个桶都有自己的存储类别、访问权限、所属区域等属性。对象是 OBS 中数据存储的基本单位。对 ModelArts 来说，OBS 是一个数据存储中心，因为 ModelArts 本身目前没有数据存储的功能。AI 开发过程中的输入数据、输出数据、中间缓存数据都可以在 OBS 桶中进行存储和读取。因此，在使用 ModelArts 之前需要创建一个 OBS 桶，然后在 OBS 桶中创建文件夹用于存放数据。

1. 登录 OBS 管理控制台（https://console.huaweicloud.com/modelarts），创建 OBS 桶和文件夹

首先创建一个 OBS 对象桶，名字可自定义。具体操作步骤为：在 OBS 管理控制台左侧导航栏中选择"桶列表"；然后在页面右上角单击"创建桶"，系统弹出如图 5.38 所示的页面；接着依次进行桶参数的配置，注意创建的 OBS 桶所在区域和后续使用 ModelArts 必须在同一个区域，否则会导致训练时找不到 OBS 桶的存储类别，并且请勿选择"归档存储"，因为归档存储的 OBS 桶会导致模型训练失败；最后进行创建即可。

然后在刚才定义的桶中创建文件夹。具体操作步骤为：在 OBS 管理控制台左侧导航栏中选择"桶列表"；在 OBS 管理控制台桶列表中，单击待操作的桶，进入"对象"页面；

⊖　https://support.huaweicloud.com/qs-modelarts/modelarts_06_0002.html#ZH-CN_TOPIC_0000001618464424__zh-cn_topic_0000001399214842_section1951475734616。

单击"新建文件夹"，或者单击进入目标文件夹后再单击"新建文件夹"；在"文件夹名称"中输入新文件夹名称；最后单击"确定"按钮即可。

图 5.38　创建 OBS 桶示例

在本任务中，需要先创建一个文件夹，可以把它命名为 pytorch，再在 pytorch 文件夹里创建三个文件夹 mnist-data、mnist-code 和 mnist-output，分别用于存放训练数据集、训练脚本 train.py 和训练输出模型；然后在 mnist-code 文件夹里创建 infer 文件夹，用于存放推理脚本 customize_service.py 和配置文件 config.json。创建完成后如图 5.39 所示。

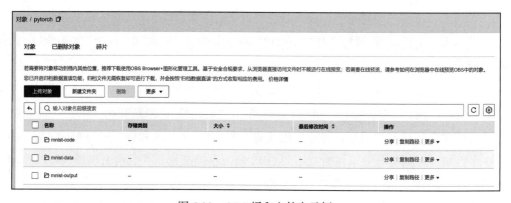

图 5.39　OBS 桶和文件夹示例

2. 上传 MNIST 数据集压缩包文件到 OBS 中

在 OBS 管理控制台左侧导航栏中选择"桶列表"；在 OBS 管理控制台桶列表中，单击待操作的桶，进入"对象"页面；进入 mnist-data 文件夹，单击"上传对象"，系统弹出"上传对象"对话框，然后添加相应的数据集文件即可。注意上传数据到 OBS 中时不要加密，否则会导致训练失败，并且文件无须解压，直接上传压缩包即可，如图 5.40 所示。

图 5.40　上传数据集示例

3. 上传训练脚本到 OBS 中

这里的上传步骤和数据集上传步骤相同，此案例需要将训练脚本 train.py 上传到 mnist-code 文件夹中，上传完成后如图 5.41 所示。

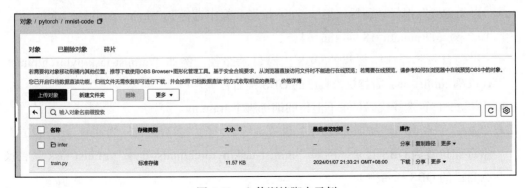

图 5.41　上传训练脚本示例

4. 上传推理脚本和推理配置文件到 OBS 中

这里的上传步骤和数据集上传步骤相同，此案例需要将推理脚本 customize_service.py 和推理配置文件 config.json 上传到 mnist-code 的 infer 文件夹中，上传完成后如图 5.42 所示。

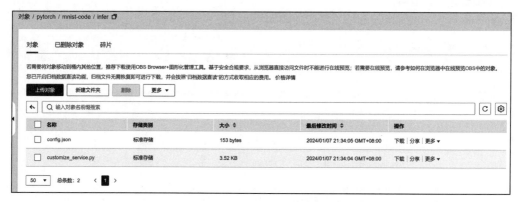

图 5.42   上传推理脚本和配置文件示例

5.4.5   模型训练

本步骤需要创建训练作业以进行模型的训练，详细步骤如下。

1）登录 ModelArts 管理控制台（https://console.huaweicloud.com/modelarts），选择和 OBS 桶相同的区域。

2）在"全局配置"中检查当前账号是否已完成访问授权的配置，即第一步准备工作中的配置委托授权。针对之前使用访问密钥授权的用户，建议清空授权，然后使用委托进行授权。

3）在左侧导航栏的"训练管理"→"训练作业"中，单击"创建训练作业"。

4）填写创建训练作业相关信息。

- "创建方式"选择"自定义算法"。
- "启动方式"选择"预置框架"，在下拉列表框中选择 PyTorch、pytorch_1.8.0-cuda_10.2-py_3.7-ubuntu_18.04-x86_64。
- "代码目录"选择已创建的 OBS 代码目录路径，例如"/minist-task/pytorch/mnist-code/"（minist-task 需替换为自己的 OBS 桶名称）。
- "启动文件"选择代码目录下上传的训练脚本 train.py。
- "输入"：单击"增加训练输入"，设置训练输入的"参数名称"为 data_url。设置数据存储位置为 OBS 目录，例如"/minist-task/pytorch/mnist-data/"（minist-task 需替换为自己的 OBS 桶名称）。
- "输出"：单击"增加训练输出"，设置训练输出的"参数名称"为"train_url"。设置数据存储位置为 OBS 目录，例如 "/minist-task/pytorch/mnist-output/"（minist-task 需替换为自己的 OBS 桶名称）。"预下载至本地目录"选择"不下载"。

- "资源类型"选择 GPU 单卡的规格，如 "GPU: 1*NVIDIA-V100(16GB) | CPU: 8 核 64GB"。若有免费 GPU 规格，可以选择免费规格进行训练。注意本样例代码为单机单卡场景，选择 GPU 多卡规格会导致训练失败。

其他参数保持默认即可。训练作业配置信息示例如图 5.43 ～图 5.45 所示。

图 5.43　训练作业设置

图 5.44　训练输入和输出设置

图 5.45　资源类型设置

5）确认训练作业的参数信息后，页面自动返回"训练作业"列表页，当训练作业状态变为"已完成"时，即完成了模型训练过程，如图 5.46 所示。

图 5.46　训练完成示例

6）单击训练作业名称，进入作业详情界面查看训练作业日志信息，观察日志是否有明显的错误信息，如果有则表示训练失败，请根据日志提示定位原因并解决。

7）在训练详情页左下方单击训练输出路径（如图 5.47 所示），跳转到 OBS 目录，查看是否存在 model 文件夹，且 model 文件夹中是否有生成训练模型（如图 5.48 所示）。如果未生成 model 文件夹或者训练模型，可能是训练输入数据不完整导致，请检查训练数据上传是否完整，并重新训练。

图 5.47　训练输出路径

图 5.48　训练生成的模型

5.4.6　模型推理部署

模型训练完成后，可以创建 AI 应用，将 AI 应用部署为在线服务。

1）在 ModelArts 管理控制台，单击左侧导航栏中的" AI 应用管理""AI 应用"，进入

"我的 AI 应用"页面,单击"创建"。

2)在"创建 AI 应用"页面填写相关参数,然后单击"立即创建"。在"元模型来源"中,选择"从训练中选择"页签,选择上一步创建训练作业中完成的训练作业,选中"动态加载"复选框。AI 引擎的值是系统自动写入的,无须设置,如图 5.49 所示。

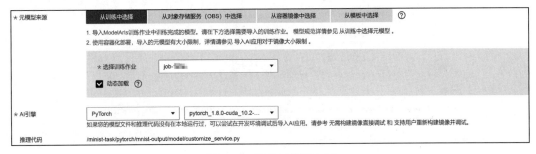

图 5.49 设置元模型来源

3)在 AI 应用列表页面,当 AI 应用状态变为"正常"时,表示 AI 应用创建成功。单击 AI 应用名称左侧的单选按钮,在列表页底部展开"版本列表",单击操作列"部署"→"在线服务",将 AI 应用部署为在线服务,如图 5.50 所示。

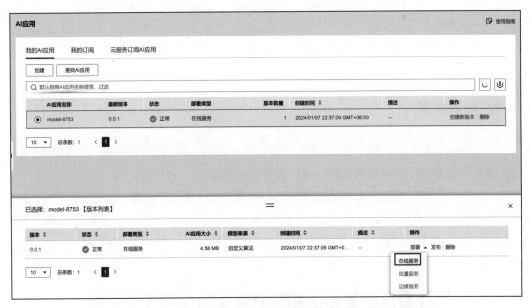

图 5.50 部署在线服务

4)在"部署"页面,参考图 5.51 填写参数,然后根据界面提示完成在线服务创建。本案例适用于 CPU 规格,"计算节点规格"应选择 CPU。

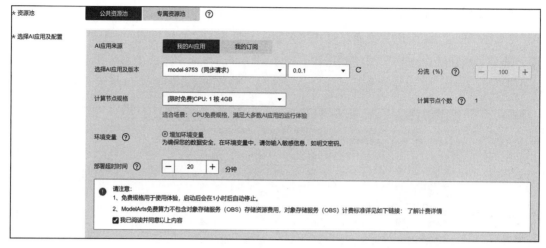

图 5.51　部署模型

完成服务部署后，返回在线服务页面列表页，等待服务部署完成，当服务状态显示为"运行中"时，表示服务已部署成功，如图 5.52 所示。

图 5.52　部署成功

5.4.7　预测结果

1）在 ModelArts 管理控制台，单击左侧导航栏中的"部署上线"→"在线服务"，在"在线服务"页面单击在线服务名称，进入服务详情页面。

2）单击"预测"页签，请求类型选择"multipart/form-data"，请求参数填写"image"，单击"上传"按钮上传示例图片（如图 5.53 所示），然后单击"预测"。预测完成后，预测结果显示区域将展示预测结果，根据预测结果内容，可识别出此图片的数字是"9"，预测结果如图 5.54 所示。

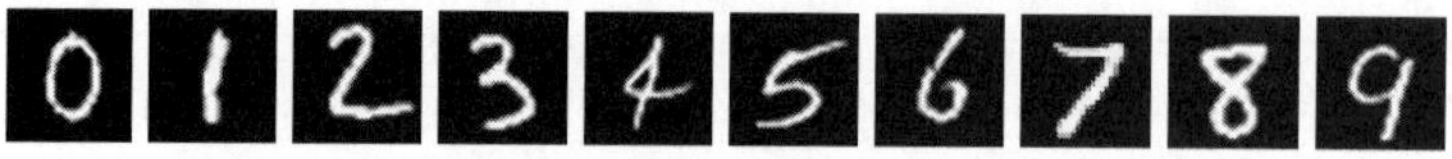

图 5.53　示例图片

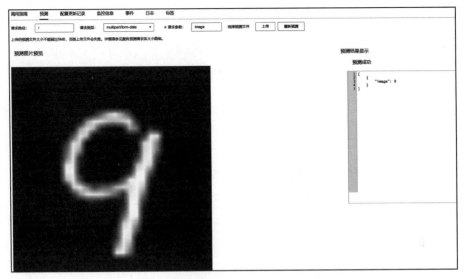

图 5.54　预测结果展示

5.4.8　清除资源

如果不再需要使用此模型及在线服务，建议清除相关资源，避免产生不必要的费用。

首先在"在线服务"页面，"停止"或"删除"刚才创建的在线服务；然后在"AI 应用管理"页面，"删除"刚才创建的 AI 应用；再在"训练作业"页面，"删除"运行结束的训练作业；最后，进入 OBS，删除本示例使用的 OBS 桶及文件夹，以及文件夹中的文件。

推荐阅读

6G无线通信新征程：跨越人联、物联，迈向万物智联

作者：[加]童文（Wen Tong） [加]朱佩英（Peiying Zhu） 译者：华为翻译中心
书号：978-7-111-68884-6

本书是关于6G无线网络的系统性著作，展现了万物智能时代的6G总体愿景，阐述了6G的驱动因素、关键能力、应用场景、关键性能指标，以及相关的技术创新。6G创新包含以人为中心的沉浸式通信、感知、定位、成像、分布式机器学习、互联AI、基于智慧联接的后工业4.0、智慧城市与智慧生活，以及用于3D全球无线覆盖的超级星座卫星等技术。本书还介绍了新的空口和组网技术、通信感知一体化技术，以及地面与非地面一体化网络技术，并探讨了用以实现互联AI、以用户为中心的网络、原生可信等功能的新型网络架构。本书可作为学术界和业内人士在B5G移动通信（Beyond 5G）方面的基础书目。

深入理解网络三部曲

从系统观的视角审视计算机网络技术的发展过程，梳理计算机发展与计算模式的演变，凝练计算机网络中的"变"与"不变"，深刻诠释互联网"开放""互联""共享"、移动互联网"移动""社交""群智"、物联网"泛在""融合""智慧"之特征。

深入理解互联网

作者：吴功宜 吴英 ISBN：978-7-111-65832-0

深入理解移动互联网

作者：吴功宜 吴英 ISBN：978-7-111-73226-6

深入理解物联网

作者：吴功宜 吴英 ISBN：978-7-111-73786-5